U0306235

山东省农作物
优异种质资源名录

◎ 蒋庆功　丁汉凤　王桂娥　主编

中国农业科学技术出版社

图书在版编目（CIP）数据

山东省农作物优异种质资源名录 / 蒋庆功，丁汉凤，王桂娥主编. --北京：中国农业科学技术出版社，2023.12

ISBN 978-7-5116-6402-0

Ⅰ.①山…　Ⅱ.①蒋…②丁…③王…　Ⅲ.①作物－种质资源－山东－名录　Ⅳ.①S329.252-62

中国国家版本馆CIP数据核字（2023）第 158267 号

责任编辑　李　华
责任校对　李向荣
责任印制　姜义伟　王思文

出 版 者　中国农业科学技术出版社
　　　　　北京市中关村南大街 12 号　　邮编：100081
电　　话　（010）82109708（编辑室）　　（010）82109702（发行部）
　　　　　（010）82109709（读者服务部）
网　　址　https:// castp.caas.cn
经 销 者　各地新华书店
印 刷 者　北京地大彩印有限公司
开　　本　185 mm × 260 mm　1/16
印　　张　20
字　　数　450 千字
版　　次　2023 年 12 月第 1 版　　2023 年 12 月第 1 次印刷
定　　价　198.00 元

《山东省农作物优异种质资源名录》

编委会

主　任：褚瑞云　张立明

副主任：蒋庆功　张　正

委　员：王桂娥　程金亮　马　强　丁汉凤　王志刚

　　　　彭科研　李娜娜　徐　波　王海龙　罗汉民

　　　　甄铁军　徐化凌　邹宗峰　高继月　薛瑞长

　　　　徐加利　邱俊兰　王　恒　娄华敏　罗付义

　　　　李海滨　孙福来　郭宗民　李勇和

编写人员

主　编： 蒋庆功　丁汉凤　王桂娥

副主编： 程金亮　马　强　宋微微　李润芳　陈　新

参　编： 于建平　刘华荣　安　阳　李　栋　李成磊　张晓霞　张楠楠
　　　　钟　文　郭　璇　王文良

市县149人：（按姓氏笔画排序）

于　凯	于旭红	马迎新	王　帆	王　林	王　顺	王　浩
王　楠	王　慧	王　磊	王少山	王巧妹	王田明	王明霞
王宝臻	王洪盛	王洛营	王恒斌	王艳华	王浩哲	王海英
王祥瑜	尹传坤	左其锦	申慕真	付彦东	白兴勇	冯晓帅
成　强	吕廷良	吕景海	朱治刚	刘　环	刘　涛	刘　静
刘书民	刘龙龙	刘庆娟	刘秀玲	刘明毓	刘宝华	刘艳敏
刘得贵	刘楠楠	闫杏杏	池立成	许宗泉	孙凤翔	孙玉光
孙秀文	孙美芝	孙雪梅	孙鸿强	孙福燕	苏　磊	苏咏梅
苏遵鹏	杜昌元	杜祥更	李　云	李　刚	李　勇	李　祥
李　雯	李　斌	李以文	李允国	李庆方	李国华	李明霞
李金山	李宝军	李树青	李祖龙	李婷婷	李瑞国	李增福
杨玉见	杨甲海	杨仕玲	杨自力	杨顺利	杨爱芳	杨淑华
时银玖	吴保瑞	邹华锋	汪世锋	宋传雪	宋珊珊	张　华
张　丽*	张　丽**	张　良	张付芸	张永超	张庆生	张兴德
张序伟	张承丁	张春晓	张树勇	张洪立	张瞾瀛	陈　刚
陈　妮	陈亚鹏	陈红春	陈丽霞	武春明	周　峰	周瑞军
庞立峰	郑　军	孟　纷	赵立波	赵扬恩	胡发忠	修翠波
姜永兴	洪翠萍	祝铭宝	秦　燕	袁红军	袁杨洋	都明霞
贾仰东	夏振龙	党同晶	徐东立	徐金辉	徐树军	郭　雪
唐　华	姬文婷	黄新闻	菅应鑫	曹正民	曹宏伟	崔长胜
崔春晓	蒋福涛	程虎虎	谢兴洲	谢恩宁	訾金燕	路永民
蔡俊年	翟海云	潘孝玉	薛　敏			

　　　　注：*东营市；**淄博市

序

——为《山东省农作物优异种质资源名录》喝彩

农作物种质资源是农业科技原始创新与现代种业发展的物质基础，对于保障国家粮食安全、传承中华农耕文明、维护生物多样性、促进农业可持续发展、提升农产品国际竞争力具有重要的现实意义和深远的战略意义。我国曾分别于1956—1957年和1979—1983年开展了两次全国农作物种质资源普查，30余年过去了，我国种植业结构调整和土地经营方式发生了巨变，伴随着城镇化和现代交通的发展等因素影响，地方品种和作物野生近缘植物资源急剧减少，部分优异特色农作物种质资源处于濒危状态。因此，农业部于2015年启动了"第三次全国农作物种质资源普查与收集行动"，以全面查清我国农作物种质资源多样性本底，明确社会、经济、环境、种植结构变化对种质资源演变趋势的影响，并开展抢救性收集保护工作。

山东省于2020年启动实施"第三次全国农作物种质资源普查与收集行动"，共计5 120名专业技术人员，2.57万名农民参与普查，耗资近2 000万元，历时3年，对近30年（1985—2015年）全省133个县（市、区）农作物的种类、品种、面积、地理分布、种植历史、栽培制度、品种更替及演化利用等情况进行了全面普查，对其中30个重点县开展了系统调查，包括农作物种质资源的种类、地理分布、生态环境、生物学特性、历史沿革、濒危状况、保护现状以及农民认知等重要信息，基本摸清了山东省农作物种质资源状况，收集各类农作物种质资源7 513份，整理登记种质资源信息65万余条，进一步丰富了我国农作物种质资源宝库，为种质创新利用奠定了基础。

《山东省农作物优异种质资源名录》的编辑出版，是山东省种质资源收集保护的第一部专著，既是一部独一无二的专业历史文献，又是一部专业技术人员的工具书，也是一部专业科普教材，对于更好地保护、利用山东农作物种质资源，推进育种创新具有重要的现实价值和深远的历史意义。

借此书脱稿之际，作序表示祝贺，希望山东省进一步加强农作物种质资源保护，深入推动种质资源鉴定评价和共享利用，为现代种业高质量发展和乡村振兴做出更大的贡献。

中国工程院院士：赵振东

2023年11月于济南

前　言

　　农业种质资源是保障国家粮食安全与重要农产品供给的战略性资源，是农业科技原始创新与现代种业发展的物质基础。山东省地处中国东部沿海、黄河下游，区域内地貌、气候、生态类型多样，农作物种类繁多，种质资源丰富，农业发展历史悠久。多年来，山东省收集保存的种质资源在科研育种中发挥了巨大作用，利用优异种质资源育成了一大批优良品种，为保障粮食安全、丰富市民"菜篮子"做出了巨大贡献。

　　山东省农作物种质资源保护工作始于20世纪50年代，先后两次参加了全国性大规模农作物种质资源征集工作，挽救了一大批濒临灭绝的地方品种、野生近缘植物及特色资源。为深入贯彻落实《国务院办公厅关于加强农业种质资源保护与利用的意见》和《全国农作物种质资源保护与利用中长期发展规划（2015—2030年）》精神，按照农业农村部统一部署，2020年起山东省作为国家第三批实施"第三次全国农作物种质资源普查与收集行动"的22省（自治区、直辖市）之一，开展了农作物种质资源的全面普查，摸清了全省农作物种质资源的家底，抢救性收集了各类古老、珍稀、濒危、特色的农作物地方品种和野生近缘植物种质资源7 513份，圆满完成了133个普查县（市、区）、30个系统调查县的主要农作物种质资源的征集、普查信息汇总、审核提交任务。

　　为促进优异珍稀资源的保护和开发利用，提升种业创新优势，助推山东省种业振兴，山东省种子管理总站组织有关人员，以第三次农作物种质资源普查数据为基础，结合优异资源在当地生产、生活、产业化利用及在脱贫致富和经济发展中所起到的重要作用等编写了《山东省农作物优异种质资源名录》。

　　本书收录了500份优异种质资源，有产业化种植的地方特色农作物资源，也有普查中发现的优异野生资源、农民自繁自种的农家品种、生长百年的珍稀濒危果树资源等，分粮食作物、蔬菜、果树、经济作物、牧草、中药材、食用菌七大类，从农民认知的角度，对优异资源特征特性、开发利用状况进行了描述，同时配有生境、植株、果实、种子等图片，多角度予以展示，资料较为翔实、内容比较丰富，可为农作物资源研究、育种创新、生产利用、产业发展提供基础信息。

本书是山东省种质资源普查团队共同努力的成果，山东省农作物种质资源普查与征集行动领导小组及办公室成员，山东省农业科学院有关专家、县（市、区）普查人员共同参与了编写，在此一并表示感谢，由于编者水平有限，遗漏和错误在所难免，恳请读者批评指正。

编　者

2023年7月

目　录

粮食作物

小麦（*Triticum aestivum*）

种质名称：南段1号

采集地：枣庄市滕州市东郭镇辛勤庄村

特征特性：半冬性小麦品种，分蘖能力强，根系发达，平均株高85厘米。无芒、白壳、白粒，籽粒饱满度中等、硬质，平均亩（1亩≈667平方米，全书同）产量450千克，适宜旱薄地栽培。当地群众将其作为烙煎饼的最佳原料，面糊不粘鏊子，烙出的煎饼香酥可口。

开发利用状况：地方品种。在滕州已种植40～50年，虽然该品种产量不高，且容易倒伏，但因其烙出的煎饼香酥可口，深受当地老百姓喜爱，其收购价比其他品种每千克高出0.2～0.4元。目前，种植面积约1 000亩，主要分布在滕州东郭、东沙河、木石、官桥、羊庄等东部村镇。

种质名称：矮秆小麦

采集地：泰安市岱岳区马庄镇大寺村

特征特性：冬性早熟品种，生育期230天左右。株型紧凑，茎秆粗壮，弹性较好，平均株高72厘米，抗倒伏能力极强。幼苗匍匐，叶窄短披，叶色浓绿，分蘖能力强，纺锤形穗，穗大粒大。

开发利用状况：地方品种。20世纪80年代末，在当地农户家中发现，因其秸秆粗壮抗倒，叶色浓绿健壮，老百姓形容"八级大风刮不倒，镰刀去割钝了刃"；但产量一般，后与高产小麦进行杂交组合，现已选育出多个抗倒和产量搭配更为适宜的品系，进入了山东省小麦审定区域试验和生产试验阶段。

种质名称：绿麦

采集地：济宁市兖州区大安镇谷村

特征特性：半冬性，偏晚熟；落黄好，全生育期240天左右，长势旺，成穗率高；株高85厘米左右，株型紧凑，茎秆粗壮有蜡粉，叶色深绿，旗叶大，穗下节长；穗长方形，长芒，白壳，籽粒绿色，长椭圆形，硬质，饱满度好。亩穗数35万穗左右，穗粒数28～30粒，千粒重40～42克，亩产量400～500千克。抗条锈病，中感叶锈病、白粉病、纹枯病和赤霉病。蛋白质、面筋、硒等含量高，营养价值高。

开发利用状况：地方品种。目前，部分农户零星种植200亩左右。有食、药兼用功效，可开发成系列营养保健食品或加工绿麦专用粉。

种质名称：紫麦

采集地：济宁市兖州区大安镇谷村

特征特性：半冬性，中晚熟品种，全生育期235天左右。幼苗半匍匐，分蘖力较强。抗倒性较好，株高80厘米左右，茎秆粗壮附蜡粉，株型略松散。旗叶斜挺，叶片宽长，叶色深绿。穗层厚，穗近长方形，长芒、白壳、紫粒，籽粒半角质，饱满度中等。亩穗数36万穗，穗粒数30～35粒，千粒重40～45克，亩产500千克左右；中抗条锈病。

开发利用状况：地方品种。特异用途种质资源，可加工特用面粉。目前，农户零星种植300亩左右。

种质名称：邹西大穗麦

采集地：济宁市邹城市郭里镇西郭村

特征特性：半冬性，偏晚熟，全生育期240天左右。矮秆，株高75厘米，茎秆粗壮，弹性较好，抗倒性强。幼苗半直立，叶色深绿，成熟时落黄较好；穗长方形，小穗排列紧密，长芒、白壳、白粒，籽粒饱满半角质。性状稳定，丰产性好，亩成穗数30万～35万穗，穗粒数40～50粒，千粒重45克左右，亩产量550～600千克；抗条锈病。

开发利用状况：地方品种。当地农民多年来自发留种种植，近年来，在郭里镇及周边地区种植300亩左右。可作为大穗型小麦育种材料，具有一定的开发利用价值。

种质名称：蓝小麦

采集地：滨州市阳信县翟王镇韩桥村

特征特性：茎秆直立，叶鞘松弛包茎，籽粒蓝色，富含花青素及锌、铁、硒等微量元素。

开发利用状况：地方品种。主要在阳信县翟王镇种植，面积500亩左右。面粉广泛应用于面条、馒头、水饺的制作。

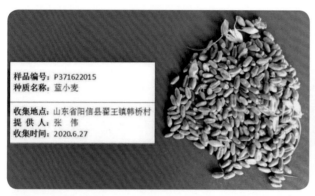 

种质名称：大红芒

采集地：滨州市无棣县柳堡镇郭仪村

特征特性：株高85～90厘米，成熟时麦芒红色，故称大红芒。其面粉颜色较白，加工的馒头口感好且有嚼劲，深受人们喜爱。具有耐盐碱、抗旱、耐贫瘠的特点。

开发利用状况：地方品种。主要在无棣县东部和西北部地区种植。在含盐量达到0.3%的盐碱地，缺少水源、土壤有机质含量较少、其他小麦品种无法生长的地块，该品种仍能达到200千克/亩以上的产量，可作为抗旱耐盐品种选育的亲本材料。

种质名称： 彩麦16号黑小麦

采集地： 菏泽市曹县普连集镇李楼寨村

特征特性： 半冬性品种，株高78厘米，分蘖力强，根系发达，茎秆坚韧抗倒，穗层整齐，穗长方形，长芒白壳，穗长8厘米左右，平均亩穗数42万穗、穗粒数29粒、千粒重43克左右。

开发利用状况： 培育品种。近年来该品种年种植面积5 000多亩，年产黑小麦2 100多吨。当地开发了富硒黑小麦挂面、珍稀保健黑麦仁、保健黑麦糁、面叶、全麦型黑麦石磨面粉、保健黑麦麦片等黑小麦系列产品四大类20个单品，年销售1 600吨，并已走上电商之路，形成线上线下融合发展的模式，每年实现销售收入近800万元。

种质名称： 彩麦07紫小麦

采集地： 菏泽市曹县普连集镇李楼寨村

特征特性： 半冬性品种，分蘖力强，根系发达，茎秆坚韧抗倒，穗层整齐，株高80厘米左右，穗长方形，长芒白壳，穗长8厘米左右，平均亩穗数40万穗、穗粒数29粒、千粒重43克左右，亩产一般在420千克左右。籽粒紫黑色，富含花青素，长圆形，硬质，营养丰富，品质优良。

开发利用状况： 培育品种。近年来，曹县年种植该品种2万亩左右。现已开发了彩色小麦系列产品四大类20个单品，年销售6 400吨，实现年销售收入近3 200万元。

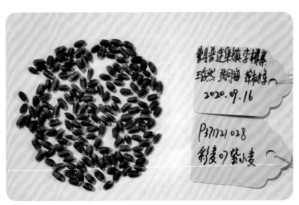

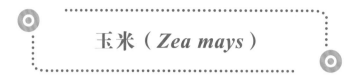

玉米（*Zea mays*）

种质名称：小粒玉米

采集地：济南市天桥区大桥街道西营子村

特征特性：植株较矮，抗倒伏。玉米粒小，煮熟后黏度高，磨面熬汤香，最大特点是爆花率高，爆裂后体积大，花瓣白。

开发利用状况：农家品种。提供者自种数年，可做爆花玉米。

种质名称：高爆玉米

采集地：东营市东营区六户镇西六户村

特征特性：生育期较短，85天左右。玉米棒细长，约20厘米，亩产量150千克左右，玉米籽粒小，金黄色。当地农户主要用此种高爆玉米做爆米花，出花率高，且爆米花的口感香甜。具有较好的抗旱性，在轻度盐碱地上能正常生长。

开发利用状况：农家品种。村民从河北的粮食集市中购买的种子，在当地已种植了24年，农户只是作为休闲食用少量种植于菜园内。

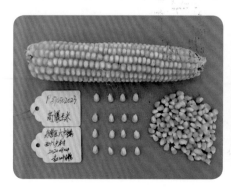

种质名称：灯笼红

采集地：德州市乐陵市大孙乡辛集村

特征特性：生育期120天，株高2米，穗位高1.1米，果穗长17厘米，色泽橘红色，玉米籽粒硬质、品质优，用其面粉熬粥时间短，黏稠可口，芳香四溢。

开发利用状况：农家品种。农户老一辈传下来的种子，有30余年的种植历史。玉米收获后，种植户将其磨成玉米粉，作为特色玉米面销售，深受广大消费者喜爱。

种质名称：红灯笼

采集地：聊城市东阿县姚寨镇黄圈村

特征特性：籽粒坚硬，颜色红如火，整个株穗形似火红的灯笼，故而被当地农民称为红灯笼。用红灯笼玉米面煮粥，清香四溢，口感香甜，非一般的玉米面熬出的粥所能比拟。亩产约350千克。

开发利用状况：农家品种。在东阿县种植历史悠久，但是后来一度中断，当地人闯关东时，把红灯笼玉米种子带到东北进行种植。本地种植户李磊的叔父又往返东北寻回红灯笼品种，从此这个品种得以在本地继续种植。他将春季播种的玉米作为种子，夏季种植收获的玉米则作为商品销售，人为地错开玉米的播种期，防止串粉，保持了品种的纯度。

种质名称：红棒子

采集地：聊城市阳谷县寿张镇蒋海村

特征特性：株高250厘米，株型紧凑，穗位高105厘米，穗长17厘米；性状稳定，籽粒紫红色，硬粒型，生育期70～75天，亩产400千克左右。生育期短，其结实性、品质、产量尚可，能自留种。

开发利用状况：农家品种。有40年种植历史，主要用于不能正常播种的地块、受灾玉米需重新播种的地块及大田缺苗断垄时进行补种的地块，能够减少农民损失，增加收入。

种质名称：黑糯玉米

采集地：滨州市博兴县经济开发区山东金港板业有限公司北邻

特征特性：玉米的一种特殊类型，其籽粒角质层不同程度地沉淀黑色素，因此外观乌黑发亮。果实比普通玉米小，但比普通玉米更香、更糯，籽粒外皮比普通玉米要薄，蒸食时，籽粒外皮容易裂开，甜度不如当前市场上的黑糯玉米高。籽粒富含水溶性黑色素及各种人体必需的微量元素，含有18种以上氨基酸，其营养价值可与动物性蛋白质相媲美；含铁高，锌的含量是其他谷物的3倍。

开发利用状况：地方品种。20世纪60—80年代开始就有少数种植户小面积种植，多为鲜食。

种质名称：红灯笼

采集地：菏泽市开发区佃户屯街道前崔楼村

特征特性：秆直立，通常不分枝，高1～2米；叶片扁平宽大，线状披针形，长40～60厘米，宽4～8厘米。通常一株植株上有两个玉米棒，4月上旬种植，8月中旬收获。玉米粒为红色，粒小，口感香甜，维生素含量非常高，为稻米、小麦的5～10倍，营养价值远高于普通玉米，具有抗倒伏、耐盐碱的特性。

开发利用状况：农家品种。由于产量不高，目前在个别农户间倒串，少量种植。

种质名称：野生玉米

采集地：聊城市柳园街道聊城大学东校区

特征特性：植株形似玉米，分蘗多，茎直立，高2.5～4米，粗1.5～2厘米。较强的适应性，具有抗病、抗虫、耐盐碱、抗淹、抗旱、耐贫瘠、耐热等特点，栽培技术简易。

开发利用状况：野生资源。可作饲料和牧草，生长于聊城大学试验地，周围有梧桐树、杂草，地势低洼，湿度较大。

水稻（*Oryza sativa*）

种质名称：曲阜香稻

采集地：山东省农业科学院湿地农业与生态研究所济宁试验农场水稻种质资源圃

特征特性：香气浓郁，属浓香型品种，全生育期150天左右。株高1.5米左右，散穗，叶片披长，叶尖下垂，颖壳初始时紫色，随着籽粒成熟颜色褪淡。地域性特点不明显，种植地点变化后，仍有浓郁香味。稻米香气浓郁，香味纯正，香而不腻，适合做米粥。

开发利用状况：地方品种。曲阜香稻源于周朝，盛于清朝，现种植于曲阜南泉，面积约30亩。研究发现曲阜香稻甜菜碱脱氢酶基因（*BADH2*）第7外显子发生了突变，突变位点与我国五常稻花香、泰国香米一致，与目前山东省、河南省、江苏省推广的香稻品种不同。山东省水稻研究所利用曲阜香稻育成了鲁香粳2号（鲁种审字0171号），下一步研究利用分子育种技术将曲阜香稻香味基因定向导入到主栽水稻品种中，培育曲阜香稻香型的香稻品种。

种质名称：明水大红芒香稻

采集地：山东省济南市章丘区明水街道西营村

特征特性：当地俗称"香米"，一家做饭，四邻香；一株开花，满坡香。芒长超过6厘米，田间鸟类不易啄食，抗稻飞虱、卷叶螟、稻瘟病；籽粒微黄，半透明，颗粒饱满，米质坚硬，油润光亮、极其清香。蒸饭、熬粥均宜，口感极佳，让人食欲大增，回味无穷。

开发利用状况：地方品种。据《章丘县志》记载，已有2 000年的栽培历史，从明朝开始便作为贡米向皇帝进贡。但因株高高（自然条件株高超过2米，控水肥、打叶等措施株高可控在1.5米）、产量低（亩产在100千克左右），生产中已绝迹。当地村支部书记对种质资源具有较强的保护、传承意识，一直在自留种种植。被评为2022年度"十大优异农作物种质资源"。

大豆（*Glycine max*）

种质名称：济阳兔眼豆

采集地：济南市济阳区仁风镇北街村

特征特性：5月初播种，10月初收获。荚果稍弯，豆粒红褐色，形似兔眼。抗病、抗旱、耐贫瘠，高抗锈病。

开发利用状况：地方品种。当地种植历史超过60年，但种植面积较小。豆子出油率较低，主要用于腌制咸菜，与香菜、芹菜一同腌制口味更佳。

种质名称：大粒黑豆

采集地：济南市济阳区仁风镇南街村

特征特性：植株生长整齐一致，株高90厘米，茎粗1～1.5厘米，底荚5～10厘米，主茎16～18节，为有限结荚习性，分枝力很强，在一般条件下，分枝5～7个。秆硬抗倒，抗病毒病，抗蚜虫，虫口率低。叶大卵形，绿色，紫色花，以两粒荚居多。籽粒椭圆形，种皮黑色，表面光滑，子叶黄色，白脐，在籽粒饱满的情况下，种孔两侧有一对白点。

开发利用状况：地方品种。20世纪70—80年代在农村庭院、房前屋后均有种植。现在随着新农村建设、合村并点，很少有种植，濒临灭绝。

种质名称：青城黑豆

采集地：淄博市高青县黑里寨镇崔家村

特征特性：中熟品种，抗逆性强。植株高大，株高80～90厘米，株型半开张；叶卵圆形、绿色，白花；豆荚披棕毛，成熟后变黑色，种子中小粒，近圆形，呈黑色、有光泽，亩产150～200千克。

开发利用状况：地方品种。有近30年种植历史，当地少数农户在房前屋后、庭院等空闲地块小面积种植，成熟豆子主要用于生产豆酱、豆芽等，是当地群众邻里、亲朋好友间非常受欢迎的馈赠礼品。

种质名称：小青皮

采集地：东营市河口区义和镇七顷村

特征特性：种子圆粒，粒较小，种皮呈青黄色，产量为每亩100千克左右；入口咀嚼后豆味很重，伴有浓浓的豆香味。在当地主要用来打磨豆浆，豆香味浓厚，或者磨成粉与面粉掺杂做成面条、馒头。

开发利用状况：农家品种。村民在乡村集市上掉换的种子，自留自种于田间地头，约有25年。因产量不高，种植面积不大。

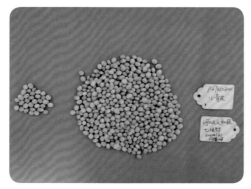

种质名称：黑豆

采集地：东营市垦利区兴隆街道西九村

特征特性：豆粒较小，种皮呈黑色，内瓤呈青黄色，入口咀嚼后豆腥味很浓，并伴有淡淡的清香。亩产量100千克左右，耐寒，不易发病。包包子或者熬制稀饭，口感好，老年人喜欢。

开发利用状况：农家品种。在西九村种植大约有20年，最早是村民从吉林省四平市的亲戚家带回。产量低，主要自种自用，种植于房前屋后和菜园内。

种质名称：马鞍峪早熟大豆（别名一株香大豆）

采集地：潍坊市临朐县辛寨街道马鞍峪村

特征特性：生长期短，播种到成熟一般约80天。5月上旬播种，8月初收获。植株矮，株高50~60厘米，单株不分杈；抗旱、耐涝、抗倒伏，亩产100~150千克。豆粒小，圆形、颗粒饱满、色泽明黄，出油率中等，豆面香味浓厚。

开发利用状况：农家品种。20世纪70年代末，马鞍峪村农业技术员李召阳从东营地区收集来，保留了当地大豆自然属性，但因产量较低，栽培面积不大。

种质名称： 徐集大青豆

采集地： 济宁市梁山县徐集镇后张村

特征特性： 中晚熟品种，有限结荚习性。株高85~95厘米，茎粗壮，分枝2~3个；叶柄长，叶较大，浓绿色；总状花序腋生，花冠小，花紫色；荚宽大，粒青、粒大，近圆形，微有光泽，种脐褐色，品质佳，富含不饱和脂肪酸和大豆磷脂。丰产性好，亩产250千克左右。抗倒伏，较抗霜霉病、抗豆荚螟和食心虫。

开发利用状况： 地方品种。种植历史悠久，主要在梁山县及周边地区的菜园沟渠、边角地种植，每年种植面积1 000多亩，农民自产自销，当地人习惯食用大青豆，用来做菜、熬粥等。

种质名称： 梁山黑大豆

采集地： 济宁市梁山县黑虎庙镇河西村

特征特性： 植株较矮，茎较粗壮，株高60厘米左右；叶具3小叶，卵圆形，全缘，顶端渐尖；总状花序较短，花小，花萼钟状，花冠白色；荚果长圆形，稍弯；种子2~3粒，椭圆形，稍扁，种皮黑色，种仁绿色，营养丰富，口味佳。适应性较强，抗根腐病，抗倒伏；较耐旱、耐贫瘠、耐盐碱。

开发利用状况： 地方品种。种植历史较久远，多年来由当地农民在生产实践中进行优中选优，形成了稳定的地方品种。主要在梁山县及周边地区的菜园沟渠、边角地零星种植，每年种植面积600多亩，农民自产自销，有待进一步开发利用。

种质名称：齐鲁黑豆

采集地：济宁市兖州区大安镇谷村

特征特性：株高1米左右，长势强、抗倒伏；茎秆较粗壮，株型较紧凑，节间距离短，有限结荚。叶柄长，三出复叶，叶片菱状卵形，先端渐尖。结荚多，豆荚多为3粒荚，成熟以后呈浅褐色。荚果长圆形，稍弯，种子间稍缢缩；种子椭圆形，稍扁，黑色，丰产性好，亩产200～300千克。适应性强，较耐干旱、耐瘠薄。

开发利用状况：地方品种。由农家黑豆品种进行系统选育和提纯复壮而来，适宜在鲁西南等地推广种植，已连续多年进行小面积种植，每年300～500亩，主要用于制作黑色食品如黑豆腐、黑豆面、黑色糕点。

种质名称：东原黄

采集地：泰安市东平县银山镇昆山村

特征特性：极早熟品种，生育期80天左右，可作夏秋作物苗期受灾补救品种。株高60～70厘米，分枝3～4个，抗倒伏；叶片下部卵圆形，上部近披针形；花紫色，荚灰白色，茸毛灰色；籽粒近圆形，浅黄色，商品性好。

开发利用状况：地方品种。20世纪40年代引进八月炸品种中的变异株，经过精选留种而来，产量较原来八月炸品种有所提高，生育期也较老品种延长5天，在当地称"东原黄"。出油率稍低，适宜豆制品加工，是当地加工东平粥的主要原料。现主要分布在东平县银山镇、斑鸠店镇一带，是大蒜—大豆两季作物轮作种植的首选品种，种植面积约1 000亩。

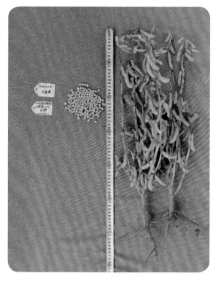

种质名称： 小春豆

采集地： 日照市莒县招贤镇大罗宅村

特征特性： 株型紧凑，直立，株高70厘米左右。4月下旬播种，8月上旬收获，生育期100天左右。叶圆形，紫花，结荚多，籽粒椭圆形，种皮黄色，有光泽，脐褐色，百粒重13克左右，亩产150～170千克。使用该品种做出的豆浆残渣很少，具有独特的奶香味，做出的豆腐呈均匀的乳白色，有光泽，豆腐易成形，块形完整，比较柔软，弹性强，无杂质。

开发利用状况： 农家品种。已种植70年以上，是莒县栽培历史悠久的粮油兼用作物。当前只有招贤镇、城阳街道、峤山镇个别农户少量种植，收获后自用，一般用来制作豆腐或者豆浆。

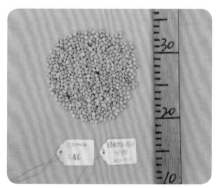

种质名称：大粒黑豆

采集地：德州市临邑县孟寺镇寄庄户村

特征特性：优质，适应性广，生育期长，不宜密植。豆蔓一般直立生长，若倒伏后像地瓜秧一样会生根，更利于营养吸收。豆荚粒大饱满，种子大小均匀，长扁圆形，黑色有光泽，皮薄而脆。加工后豆香味浓郁，做成窝头满室飘香，非常受大家欢迎。

开发利用状况：农家品种。孟寺镇一农户逐年种植保存，多年来也扩散到本村许多农户，自种自用。

种质名称：老黄豆

采集地：德州市宁津县大曹镇东刘朝村

特征特性：老黄豆是宁津县群众对该区域种植传统大豆的统称，该种质植株粗壮，直立生长，株高90厘米左右，亩产100千克左右；成熟后，易炸荚，果实饱满略扁，豆脐黑色，富含蛋白质、不饱和脂肪酸、维生素等；耐贫瘠、耐盐碱性强。

开发利用状况：地方品种。农户种植面积近300亩，主要用于磨豆浆、豆腐和榨油，豆渣、豆饼做饲料。

种质名称：鸭蛋黄

采集地：聊城市东阿县姚寨镇黄圈村

特征特性：籽粒椭圆，豆脐黑色，形似鸭蛋，种皮金黄色类似鸭蛋黄，故得名鸭蛋黄大豆。单粒比一般的大豆要大，百粒重30～35克，产量每亩120千克左右。出浆率高，做出的豆浆、豆腐和豆腐脑等豆制品比其他大豆品种口感都要好，色香味俱佳。

开发利用状况：地方品种。在本地已有70多年的种植历史，种植户采取传统的种植方式，产量低，目前尚未大规模开发利用。

种质名称：牛毛黄

采集地：聊城市高新区李海务街道前军屯村

特征特性：主茎粗壮直立，植株较矮，株高60厘米左右，分枝少，抗倒能力强；有限结荚习性，豆荚密生，叶片大，籽粒大，百粒重28克左右，抗大豆食心虫。蛋白质含量高，适宜做豆制品。具有抗病、耐盐碱、耐寒、耐涝、耐热、耐贫瘠等特点。

开发利用状况：地方品种。20世纪50—60年代在东昌府区大面积种植，在当时属于高产品种，被大面积推广应用。后因品种更替，种植面积越来越小，每年5亩左右，现收集到的牛毛黄大豆资源由聊城市高新区李海务街道前军屯村的大豆爱好者王景阳同志提供，作为种质资源被保存下来。

种质名称：黑面豆

采集地：菏泽市郓城县张营镇二十里铺村

特征特性：晚熟品种，6月上旬种植，10月上旬收获，其生育期约110天。开黄花，秆软，抗倒性差。产量高，亩产可达250千克左右。豆粒大而好煮，鲜食毛豆角香、甜、面，豆腥味小。

开发利用状况：农家品种。仅有个别农户自留种子种植，种植面积较小。天然黑色食品，常用来煮粥、加工罐头等。

野大豆
（*Glycine soja*）

种质名称：野豆子

采集地：东营市垦利区黄河口镇新林村

特征特性：豆荚小，种子黑灰色，椭圆形。蛋白质含量高，含有丰富的大豆异黄酮；豆粉做的卷子油性比较大，好吃。适应能力强，有较强的抗逆性和繁殖能力。

开发利用状况：野生资源。生长于黄河口地区，当地称为胡豆子，是改良栽培大豆的优异资源。根据史料分析，黄河口野大豆的栽培和驯化历史距今已有4 000年左右。常年生长于沟渠边和树林里，当地百姓采集野大豆，将其磨成粉，与玉米、小麦面掺和做卷子。

种质名称：野生大豆

采集地：济宁市金乡县化雨镇吴海村

特征特性：一年生缠绕草本植物。茎蔓生，蔓长5米左右，茎及分枝纤细，三出复叶互生，叶片宽披针形。总状花序短，花小，7—8月开花。结荚簇生，结荚性好，单株结荚100个以上；荚果较小、长圆形；粒小黑褐色，椭圆形，稍扁。具有耐阴、耐涝、耐盐碱、耐贫瘠，抗干旱、抗病、抗虫等特点。

开发利用状况：野生资源。大豆育种的优良基因资源，也可作为牧草、绿肥和水土保持植物，开发利用空间大。

种质名称：野生黑豆

采集地：德州市齐河县焦庙镇西张村

特征特性：一年生草本，蔓生，茎细，被褐色毛。叶窄且细长，豆荚小，成熟时棕褐色，表面覆满茸毛；种子极小，扁椭圆形，灰黑色，有皱纹，一侧有黄白色长椭圆形种脐，质坚硬，适应性强。

开发利用状况：野生资源。生长于路边荒地，与杂草共同生长，不易采集。

种质名称：野黑豆

采集地：滨州市博兴县兴福镇兴和村

特征特性：一年生豆科植物。秋季荚果成熟时可采收，籽粒坚硬，椭圆形，略扁平，长3~6毫米，种皮灰褐色，放大看带有黄色的斑点，侧面中央有长椭圆形的脐。气味淡，嚼之有豆腥味。

开发利用状况：野生资源。营养价值高，农户在田间、果园内小面积种植，仅供自己食用。

种质名称：野生黑豆

采集地：济南市章丘区白云湖街道郑码村

特征特性：植株蔓生，叶长心形，有长叶柄。荚果11月采收，籽粒黑色，似大米粒大小；繁殖力强。

开发利用状况：野生资源。生长于湖边，面积较小。当地村民采集其籽粒大多磨成面粉，做面食。

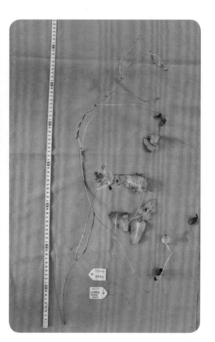

谷子（*Setaria italica*）

种质名称：钢城小黄谷

采集地：济南市钢城区颜庄街道中柳桥峪村

特征特性：株高75厘米，谷穗饱满结实，粒粒金黄，亩产约300千克。每年4月播种，9月收获。加工成米粥、米糊后香气浓郁，米油亮洁、黏稠适中。适应性强，抗病耐旱，特别适合山地、丘陵地区种植。

开发利用状况：地方品种。相传是建村伊始老辈人从山西省引进，已有300多年种植历史。小黄谷代代相传，适应了柳桥峪村水土，同时也保留了原始品种的风味。近年来，种植小黄谷亩产效益可达6 000元，与中草药间作亩产值过万元。当地还成立了专门种植小黄谷的合作社，发展产业化种植780亩，小黄谷加工成的各类产品畅销省内外。

种质名称：墙头搭

采集地：济南市平阴县孔村镇北毛峪村

特征特性：因谷穗较长，穗长约35厘米，收获后可搭在墙头上晾晒，故称墙头搭。茎秆粗壮，刚毛较长，有效降低了麻雀危害。穗茎钩形，穗圆锥形。该品种一般5月上旬播种，9月下旬收获，亩产达250千克以上。其小米香、品质好、产量高，深受本地村民喜爱。

开发利用状况：地方品种。农户种植已20年以上，当地种植面积达数千亩，大多在山坡地种植。

种质名称：伏谷

采集地：济南市平阴县孝直镇东湿口村

特征特性：生育期较短，属早熟品种，春、夏播均可，作春谷时，4月播种，7月末即可收获。株高140厘米左右，穗长30厘米左右，茎秆粗壮、分蘖少，亩产200~250千克。穗状圆锥花序，穗纺锤形，穗茎钩形。谷穗成熟后金黄色，粒小，刚毛长，可减少麻雀危害。小米品质好，熬粥后香味浓、米油厚、口感很好。

开发利用状况：地方品种。据村民介绍，中华人民共和国成立前本地就开始种植该品种，近年来，由于产量较低，种植面积减少，当地仅有几百亩，主要分布在山地、丘陵地带。谷子大多自己食用或赠送给亲戚朋友，少部分销售。

种质名称：五担三

采集地：济南市平阴县安城镇小官村

特征特性：株高150厘米左右，穗大，长约25厘米，穗茎强弯，穗圆锥形，刚毛短，粒小。产量高，一担为50千克，五担三即为亩产265千克左右；春播夏播均可，春播谷子品质较好。小米色泽鲜亮，一致性好，香味浓，熬粥后米汤黏稠，适口性好。

开发利用状况：地方品种。当地有近60年的种植历史，小米品质好，农户常年种植，但面积很少，只有十几亩，大多自己食用。

种质名称：红姑娘

采集地：济南市长清区双泉乡高庄村

特征特性：株高约150厘米，穗长25厘米，穗码松散，穗茎中弯、粗壮，穗棒状，红壳黄米。该品种根系发达，抗旱能力强，耐贫瘠。一般5月上旬播种，9月上旬收获，亩产200千克左右。小米香味浓、口感好，特别是黏性大，适合做黏糕。

开发利用状况：地方品种。据当地老人介绍至少有七八十年种植历史，因品质好，农民长期自留种，但种植面积很少，只有几十亩。

种质名称：土家谷子

采集地：青岛市黄岛区大村镇曲家皂户村

特征特性：穗小，长度大约20厘米，籽粒饱满，产量中等，亩产180～200千克，耐旱节水，品质良好，口感香糯。

开发利用状况：地方品种。由于其产量一般、籽粒较小，市场认可度不高，多由农户自留种种植，经进一步鉴定后可用于育种材料。

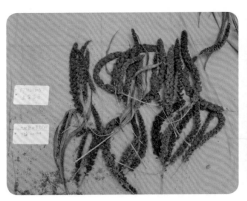 

种质名称：埠南小米

采集地：青岛市即墨区通济镇黄家埠南村

特征特性：秆粗壮、分蘖少，叶片狭长披针形，中脉和小脉明显，具有细毛；穗状圆锥花序，穗长20～30厘米，小穗紧密，千粒重3克，亩产150～200千克。小米籽粒大、圆，色泽金黄，性黏味糯香，营养丰富，较其他品种养分含量高，特别是煮稀饭时，表面有一层黄亮的米质油，食之香味可口。

开发利用状况：地方品种。种植历史悠久，集中产于马山北麓黄家埠南村周围，种植面积约1 200亩，亩产值5 000元左右。埠南小米是青岛市的特色农产品之一，是当地敬养老人、哺育幼儿、滋补身体的佳品。

种质名称：红谷

采集地：青岛市胶州市洋河镇战家村

特征特性：因打出来的谷是红色的，俗称红谷。须根粗大，秆粗壮直立，高1.3～1.5米，穗长20～32厘米，千粒重3克左右，亩产320千克左右；米是黄色的，煮粥米油厚，味道醇香。

开发利用状况：农家品种。有70多年的种植历史，主要以农民自留种为主，小面积种植，以供日常食用和售卖。可用于育种亲本。

种质名称：绳子头

采集地：青岛市胶州市洋河镇战家村

特征特性：穗成熟后近纺锤状，细长约36厘米，俗称绳子头；茎秆粗壮直立，株高1.3～1.5米，产量高，亩产300千克左右。米黄，熬粥米油厚，味道醇香。

开发利用状况：地方品种。中华人民共和国成立以来就有种植，主要分布在胶州市洋河镇战家村一带，当地老百姓自家小面积种植以供平时食用，偶有在当地集市上出售。

种质名称：大埴

采集地：青岛市胶州市洋河镇冷家村

特征特性：谷穗圆柱状，成熟后下垂，穗长约32厘米，松散，俗称大埴。株高1.3～1.5米，千粒重约3克，亩产330千克。适应性广，耐旱，耐贫瘠；小米黄，熬粥米油厚，味道醇香，口感好。

开发利用状况：地方品种。中华人民共和国成立以来就有种植，主要分布在胶州市洋河镇冷家村一带，当地老百姓自家留种，小面积种植以供平时食用，偶有在当地集市上出售，制作成礼盒作为特色农产品销售。可用于育种亲本。

种质名称：毛李谷子

采集地：淄博市高青县花沟镇毛李村

特征特性：植株高90厘米左右，穗纺锤形，长20～25厘米，小穗紧凑偏紧，成穗率高，穗结实率高，籽粒饱满，壳黄色，米粒圆润黄色，商品性好。适应性广，抗病、耐盐碱、耐瘠薄。熬制稀饭，汤浓米香，口感好，营养丰富。

开发利用状况：地方品种。有近百年种植历史，主要在土壤瘠薄的零散地块种植，面积较小。可作身体虚弱人群的滋补用品，也是深受当地群众喜欢的馈赠佳品。

种质名称：母鸡嘴谷子

采集地：淄博市淄川区寨里镇廖坞村

特征特性：叶片狭长披针形，有明显的中脉和小脉，具有细毛。谷穗尖头形，形似母鸡嘴。穗长22厘米，穗粗4厘米，亩产250千克左右。小米深黄色，珍珠透亮，米粒筋道，口感黏滑。

开发利用状况：地方品种。在当地已有上百年的栽培历史，目前种植面积约400亩，主要分布在寨里镇廖坞、西井、东井、葫芦台等村。小米主要用于熬制稀饭、饭汤，是人们居家饮食及老弱病人、儿童、孕产妇必备的营养保健佳品。

种质名称：黑尖腿谷子

采集地：淄博市淄川区寨里镇廖坞村

特征特性：叶片狭长，有明显的中脉和小脉，具有细毛。穗状圆锥花序，谷穗纺锤形，穗长23厘米，穗粗5厘米，亩产220千克左右。小米深黄色，米粒圆润筋道，煮粥黏稠，口感黏滑，不发渣，不回生，香味诱人。

开发利用状况：地方品种。在当地已有上百年的栽培历史，目前种植面积约350亩，主要分布在寨里镇廖坞、西井、东井、葫芦台等村，主要用于熬制稀饭、饭汤。

种质名称：老官庄

采集地：烟台市福山区东厅街道老官庄村

特征特性：全生育期长，"五一"之后播种，9月成熟，生育期约130天。营养物质积累丰富，富含铁和蛋白质，亩产量250千克左右；小米色泽均匀，呈金黄色，表面光亮，色泽饱满，不仅形体别具一格，味道更是香美。

开发利用状况：地方品种。老官庄小米，在历史上为全国四大贡米之一，被康熙帝赐名"老官庄小米"而得名老官庄。目前当地成立了合作社，注册了"火岩神谷"商标，老官庄村几乎家家户户都种植小米，面积达800亩，总产量20万千克，直接经济效益400万元。

种质名称：老小米

采集地：烟台市牟平区龙泉镇曲家屯村

特征特性：4月下旬种植，9月中旬收获，生长期130天左右。株高约150厘米，穗长约25厘米，整个生长周期基本无病虫害，历年表现稳定，有较强的适应性、抗逆性，亩产谷子约300千克。小米色泽金黄，籽粒均匀，口感黏糯，味道香甜。

开发利用状况：地方品种。在当地种植历史百年以上，目前是村民自发种植，通过"合作社+农户"运作模式，在微信等社交平台进行销售，经济价值较高。

种质名称：齐头黄

采集地：烟台市蓬莱区南王街道大丁家村

特征特性：因其穗头齐而命名为齐头黄。生育期130天左右，4月下旬至5月初播种，9月成熟。须根粗大，秆粗壮直立，秆高150厘米左右，谷穗大，穗长15～20厘米，亩产250～300千克；谷壳色浅，皮薄，出米率高达75%。米质好，小米粒小，色深黄，质地较硬，熬成粥后香稠，口感佳，富含蛋白质。

开发利用状况：地方品种。至少有七八十年的种植历史，目前只局限于地方种植，总面积约500亩，因品质好，产量有限，售价是普通小米的3倍以上，经济效益高。

种质名称：小粒黄

采集地： 烟台市龙口市下丁家镇大庄村

特征特性： 4月下旬播种，9月中旬收获，生育期130天左右。株高1.5米左右，谷穗长约30厘米，籽粒小，较黄，亩产250千克左右；耐贫瘠，适应性好。熬饭香、黏稠，表面有一层黄亮的米油，味香可口。

开发利用状况： 地方品种。已有七八十年的种植历史，主要种植区域为龙口市南部乡镇丘陵地区，种植面积三四百亩，当地成立了小米专业合作社，专门加工销售该品种，带动了百姓增收。

种质名称：铁头碰

采集地： 泰安市东平县老湖镇九女泉村

特征特性： 生育期约95天，较其他品种早上市，株高120厘米左右，穗长25～30厘米，穗上粗下细，呈锥形，谷粒排列紧密，硬度较高。抗旱性好，产量高，一般亩产为350千克左右，最高亩产400千克。小米金黄色，适口性好，米香味浓郁。

开发利用状况： 地方品种。当地丘陵地带首选种植，目前种植面积约200亩，小米品质优良，是当地及附近村庄群众首选的月子米、养生米。

种质名称：马鞍峪旱谷

采集地：潍坊市临朐县辛寨街道马鞍峪村海拔320米处

特征特性：别名难碾谷，突出特点是极为抗旱，抗倒伏，耐瘠薄，亩产300千克。清明前后播种，9月下旬收获；米粒金黄色，米质黏糯、清香。

开发利用状况：地方品种。20世纪80年代初本村农技员李召阳引进试种，在海拔320米无任何水浇条件的山岭沙土地种植1亩，当年收获谷子260千克，自此附近十里八村开始大面积种植。目前全县各处山区种植面积约1万亩，每千克价格在18~20元，经济效益显著。

种质名称：金谷

采集地：济宁市金乡县马庙镇徐寨门村

特征特性：生育期90天左右，株高1米左右；秆粗壮，直立，须根粗大，抗倒伏；叶片狭长披针形，叶色浓绿；谷穗成熟后金黄色，穗长20~30厘米，每穗结实数百至上千粒，籽实极小；穗重18~20克，穗粒重11~12克，千粒重2.3克左右，一般亩产量250~300千克，出米率80%左右。具有抗逆性强、丰产性好、品质优良、耐旱、稳产等特点。米色金黄、营养丰富，小米稀饭汤浓、黏凝透亮，米粒悬浮，清香味美可口，为小米中的佼佼者。

开发利用状况：地方品种。金乡县马庙镇的著名特产，种植历史悠久，位居中华"四大名米"之首，被载入《辞海》。目前，在金乡县马庙镇种植面积2万亩左右。

种质名称：打锣垂

采集地：泰安市肥城市仪阳街道东鲍村

特征特性：夏播谷子，谷穗纺锤形，穗头圆形，个头大，亩产量250千克左右；具有抗旱、耐瘠薄的特点。小米色泽金黄、熬粥后口感细腻。

开发利用状况：地方品种。多种植于山区。老百姓常年自己留种，总体面积不大，产量不高，但化肥、农药用量少，销售价格高，被当地人认可，是产妇、儿童、老人的首选营养食品。

种质名称： 竹叶青

采集地： 泰安市肥城市仪阳街道东鲍村

特征特性： 夏播谷子，谷穗纺锤形，穗头尖；因叶子像竹叶，成熟时候青枝绿叶，所以当地村民称为竹叶青。产量较高，具有广适、优质、耐盐碱等特点；营养丰富，米粒光亮，食用口感细腻，色香纯正。

开发利用状况： 地方品种。多种植于山坡地，农户零星种植，粗放管理，小米除自食外少量用于出售。

种质名称： 虎门金米

采集地： 泰安市肥城市安站镇北虎门村

特征特性： 谷穗纺锤形，穗头尖，谷穗细长紧凑，小米呈金黄色，营养价值高，籽粒脂肪含量高；产量较高，最高亩产可达300千克；抗旱、耐贫瘠。米饭芳香怡人，味美，适口性好，入口滑腻不柴、爽滑，质黏味香，能多次凝结米油层。

开发利用状况： 地方品种。久负盛名，因种植于肥城市安站镇东、西、南、北虎门村而得名。目前，虎门金米种植基地有1 000余亩，年产量达150吨。当地建立了小米种植专业合作社，通过"党支部+合作社+农民"的模式，发展有机小米；通过网络直播带货，拓展销售渠道，增加农民收入。

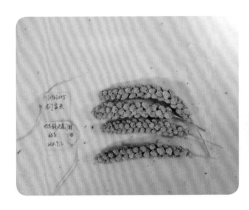 

种质名称：乳山尚山小黄米

采集地：威海市乳山市诸往镇中尚山村

特征特性：4月下旬播种，10月上旬收获。谷穗长度约20厘米，谷穗饱满，种子圆球状，呈亮黄色，亩产150千克左右。具有优质、抗病、抗虫、抗旱、耐贫瘠等特性，小米熬粥口感醇厚。

开发利用状况：地方品种。中华人民共和国成立前后就有种植，最多时总面积达7万亩。20世纪80年代末，随着粮食市场的放开，当地小米种植面积逐渐减少，目前为零星种植。

种质名称：猫爪谷

采集地：日照市莒县峤山镇南涧村

特征特性：4月中旬播种，7月下旬收获，生育期100天左右。株高150～160厘米，秸秆硬，抗倒伏。分蘖中等，谷子穗尖分成3～5个头，穗长16～18厘米。谷码较密，刺毛短，不易落粒，谷粒小，色泽金黄，千粒重2.2克，亩产最高250千克，出米率78%以上。具有高抗病、抗虫、抗旱、耐贫瘠等特点，可在盐碱地、山岭薄地生长。小米色清新，米粥营养丰富，品质纯正，黏凝均匀，气味清香。

开发利用状况：地方品种。已种植60余年，是莒县南涧小米代表品种之一，目前种植面积约50亩，品质优，供不应求。

种质名称：靠山黄

采集地：临沂市费县费城街道管家村

特征特性：黏谷子品种。须根粗大，叶鞘松裹茎秆，叶舌为一圈纤毛；叶片线状披针形，先端尖，基部钝圆，上面粗糙，下面稍光滑；圆锥花序，紧密，小穗卵形，长2~2.5毫米，黄色。产量高，亩产最高达400千克；具有抗性强、适应性广的特点。小米黏性好、米油多、香味浓、软糯甜、品质佳。

开发利用状况：地方品种。已有40多年的种植历史，主要分布在费城街道、汶山工作区，面积大约800亩，当地农民代代相传，自然选择保留种子种植，一般做小米粥，妇女"坐月子"必备佳品。

种质名称：黑谷子

采集地：德州市宁津县大曹镇东刘朝村

特征特性：因籽粒颜色较深而得名。根系粗大，茎秆粗壮，结穗较大且长，生育期约90天，亩产在225千克左右，耐旱稳产，耐贫瘠。其籽粒熬粥最佳，与普通小米相比更加黏稠，磨成面粉蒸窝头，口感香甜细腻。

开发利用状况：地方品种。种植时间较长，可追溯到20世纪70—80年代，目前主要在大曹镇、张大庄镇种植，总种植面积不足200亩，主要是农户供自己食用。茎秆含有较高的膳食纤维，可作青贮饲料；谷子皮也有一定的保健价值，可缝制枕头。

种质名称：谷子

采集地：滨州市滨城区秦皇台乡东高村

特征特性：须根粗大，秆粗壮，直立，高1.2米左右。叶片长披针形，长10～45厘米，宽5～33毫米，先端尖，基部钝圆，上面粗糙，下面稍光滑。谷穗呈圆柱状，通常下垂，长25厘米，小穗紧密，产量高、抗旱，亩产400千克左右。籽粒脱皮后呈金黄色，熬粥清香适口、黏稠度高。

开发利用状况：地方品种。滨城区秦皇台乡东高村村民已种植该谷子40余年，具有较高的经济价值。

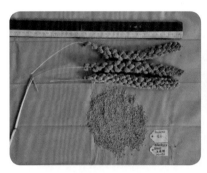 

种质名称：付家黑谷子

采集地：滨州市无棣县海丰街道付家村

特征特性：叶片狭长披针形，有明显的中脉和小脉，具有细毛。穗长25～30厘米，谷穗成熟后呈黑色，籽粒黑色，卵圆形，营养丰富，富含蛋白质、脂肪、碳水化合物、钙、磷、铁、维生素等；一般亩产300～350千克，土壤较贫瘠地块每亩单产250千克以上。抗病虫性好，生长季只需防治1～2遍害虫。

开发利用状况：地方品种。有50年以上的种植历史，既可食用，也可用于喂食鸟类和家禽。

种质名称：兔子腿

采集地：滨州市邹平市青阳镇西窝陀村

特征特性：茎秆粗壮、分蘖少，叶片狭长披针形，有明显的中脉和小脉，具有细毛。穗长20～30厘米，小穗成簇聚生在三级枝梗上，小穗有刺毛。每穗结实数百至上千粒，籽实卵圆形，极小，谷穗成熟后金黄色，小米黄色。

开发利用状况：地方品种。因口感好，农户常年自留种种植，种植面积不大。

高粱（*Sorghum bicolor*）

种质名称：红皮高粱

采集地：青岛市黄岛区泊里镇常河店村

特征特性：株高3米左右，有韧性，茎秆红色、圆形，直径1厘米左右。用其制作红席编织严密、纹理清晰、光滑柔软、美观轻便，深受民间喜爱，远销全国各地。

开发利用状况：地方品种。据史料记载，编织红席起源于春秋战国时期，距今已有2 000多年的历史，中华人民共和国成立初期泊里红席曾作为名优特产品进京参展。目前，泊里镇建有"泊里民俗博物馆"，有500多农户从事红席及工艺编织，全镇年生产红席及各种草编工艺品3万余件，产值900余万元，农民可增收100多万元。

种质名称：极矮秆白高粱

采集地：淄博市沂源县悦庄镇桃花峪村

特征特性：秆较粗壮，直立，顶节间细长，长60~70厘米；抗倒伏，株高1.2米左右；圆锥花序，疏松，主轴裸露，穗弯曲，呈侧穗状，穗长21厘米左右。颖果淡红色，籽粒顶端外露，白色，籽粒性黏。具有耐高温特性。

开发利用状况：地方品种。在当地种植面积较小，农户自留种每年种植。由于顶节间细长，成为制作盖垫的专用品种，也可作为专用育种亲本材料。

种质名称：矮秆白黏高粱

采集地：淄博市沂源县南鲁山镇璞邱一村

特征特性：4月中旬播种，9月中旬收获。秆粗壮而直立，秆高1.55米左右；圆锥花序直立，主轴长，分枝短；颖果倒卵形，成熟后露出颖外，颖果白色，性黏。

开发利用状况：地方品种。种植历史悠久，部分农户每年自留种小面积种植，是当地群众比较喜欢食用的杂粮主食。可作育种材料亲本使用。

种质名称：白黍黍

采集地：东营市东营区牛庄镇陈庄社区

特征特性：株高2.5米左右，籽粒较小，扁圆形，种皮呈白色，亩产量200千克左右。磨制成粉与玉米、小麦掺和在一起做面条、蒸馒头，口感好，带有一点糯性。

开发利用状况：农家品种。在当地有30多年的种植历史，产量不高，村民都是自留自种，自家食用，主要作为杂粮。

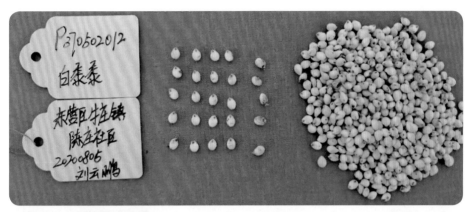

种质名称：甜高粱

采集地：东营市利津县陈庄镇清河社区

特征特性：株高平均2.8米，穗头较大，籽粒呈深红色，亩产150千克左右；耐寒、耐盐碱，不易生病，在千分之三的盐碱地上能正常生长；茎秆的含糖量较一般高粱要高，非常甜，当地人称其为"甘蔗"。

开发利用状况：农家品种。村民在20多年前由潍坊朋友赠送而得，一直少量种植于自家的菜园内。此种甜高粱的株高较高，容易倒伏，且产量不高，当地人在自建的房前屋后、菜园中种植，主要出售茎秆，也有人将籽粒磨成粉与面粉掺杂做面条和馒头。

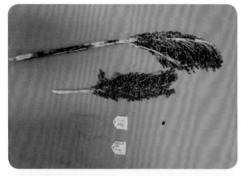

种质名称： 关公脸高粱

采集地： 潍坊市寿光市羊口镇郑家庄子村

特征特性： 4月上旬播种，9月下旬收获。秆较粗壮，直立，株高约3.8米，圆锥花序，穗长约35厘米，穗纺锤形，穗型松散，颖果初时黄绿色，成熟后颖壳棕黑色，抗旱，耐热，耐涝，耐贫瘠，易倒伏。

开发利用状况： 地方品种。目前仅寿光市北部乡镇零星种植，高粱穗去除籽粒后可以制成笤帚和炊帚，高粱米可以熬粥，磨成面可以做杂粮馒头和窝头。

种质名称：长莛子高粱

采集地：潍坊市安丘市柘山镇邵家崖村

特征特性：株高3.5米左右，穗长50厘米左右；高粱秆挺拔、光洁，耐盐碱，抗旱涝，产量高，易管理。

开发利用状况：地方品种。20世纪50—60年代粮食紧缺的时候，曾大面积种植，是当地人们的"救命粮"。随着优良高粱品种的引进，种植面积一再减少。但其用途广泛，高粱米可以酿酒，也可以磨成粉后加工食品；高粱秆做成"箔"，可以做屋里的顶棚；高粱秆编的席子、高粱籽皮缝制的枕头是农村土炕上必不可少的物品；长"莛子"可做成盖垫、箅子，去掉籽粒后的高粱穗做成笤帚和炊帚，是厨房必备用品。

种质名称：大马尾高粱

采集地：潍坊市昌乐县鄌郚镇后孔家村

特征特性：中熟品种，4月中旬播种，8月中旬收获。植株高大，茎秆粗壮，株高可达3.5米，穗帚形侧散，长约50厘米，黑壳，褐粒，单穗粒重80克左右，千粒重24克左右。

开发利用状况：地方品种。目前，在当地种植面积有1 000多亩，主要作为扎制笤帚、炊帚、盖垫等原材料，在当地已形成小规模产业，全村及周边村庄有近1 000人从事该工作，村民在冬季农闲季节扎制笤帚、炊帚、盖垫、箅子等生活用品，每把笤帚可卖到20元左右，炊帚5元左右，增加了农户收入，产品供不应求。

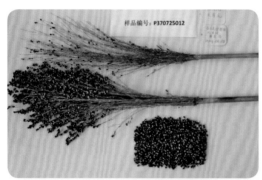

种质名称：红罗伞高粱

采集地：济宁市曲阜市吴村镇大河崖村

特征特性：根系发达，生命力强，秆较粗壮，直立，株高2米左右。生育期120天左右，叶片线状披针形，长40～60厘米，宽4～7厘米，先端渐尖。圆锥花序，分枝开展而较疏松。果穗较大，小穗松散，籽粒浅红色。抗旱、抗涝、抗倒伏、耐贫瘠、耐盐碱；抗黑穗病，金针虫、黏虫等病虫害。

开发利用状况：地方品种。种植历史悠久，目前农民自发留种种植，年种植面积数百亩。红罗伞高粱全身是宝，用途广泛，籽粒可用作粮食、饲料，也可酿酒；青秸秆作饲料或还田，老秸秆皮编席，高粱穗作笤帚、炊帚；穗下部细长的茎秆编成圆锅盖、箅子等使用，具有较高的经济价值。

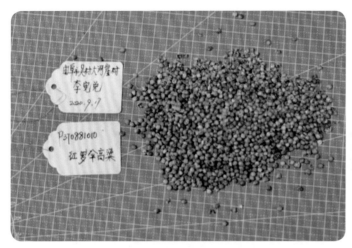

种质名称： 抱头高粱

采集地： 济宁市汶上县寅寺镇马口村

特征特性： 株高2米，秆较粗壮，叶宽大下披；圆锥花序疏松，主轴裸露。穗头大，单穗粒重可达100～150克，亩产量400千克左右，籽粒红色饱满。根系发达，吸收土壤水分能力强，具有较强的抗倒、抗旱、抗涝、耐瘠薄、耐盐碱的特性，是稳产、低成本、高效益作物。

开发利用状况： 地方品种。种植历史较久远，1956年全县种植面积已达1.5万亩。目前，在汶上县及周边地区零星种植，面积800多亩。抱头高粱为粮饲兼用并具多种用途的作物，籽粒可用作粮食、饲料，也可酿酒，青秸秆作饲料或还田，老秸秆皮编席，高粱穗作笤帚、炊帚；穗下部细长的茎秆编成圆锅盖、箅子等使用，经济价值高。

种质名称：紫秆高粱

采集地：泰安市东平县老湖镇李台村

特征特性：偏早熟，株高2.6米，穗长35厘米，红壳红粒，粒质较硬，成熟后秸秆全株紫红，韧性弹性极好。耐贫瘠，可在山坡地块种植。

开发利用状况：农家品种。当地极少种植，属于稀有品种，是从老手工艺人那里寻得种子，其自留种子多年。高粱秸秆主要用于编织工艺品或生活用品，高粱加工成高粱米或面粉食用，也可作酿酒的原料及饲料，商品价值极高。

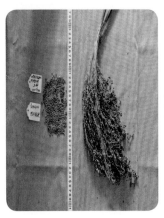

种质名称：母猪够高粱

采集地：日照市莒县峤山镇南涧村

特征特性：因其植株矮，母猪都能"够着"，口口相传取名母猪够。4月下旬播种，8月中下旬收获，生育期120～125天，亩产250～300千克。株高150厘米左右，抗倒伏；穗型长散，穗长35～50厘米，红壳褐粒，籽粒较大，易脱粒，千粒重35克左右。秸秆甜度高，可直接食用。抗病虫能力强，较抗红叶病、叶斑病。适应性广，可种在地边地堰，不用浇水施肥。

开发利用状况：地方品种。已种植70年以上，目前，峤山镇、桑园镇等部分丘陵山区有零星种植，面积50余亩。主要用于制作炊帚、笤帚、蒸屉等。

种质名称：红秸高粱

采集地：日照市莒县长岭镇石井二村

特征特性：4月下旬播种，9月上旬收获，生育期130~140天。高秆散穗，茎紫红色，叶片绿色，株高可达200~230厘米，秸秆纤细，秆长。伞形单穗，穗长40~45厘米，红壳红粒，粒卵圆形，千粒重20克左右。亩产量在200~220千克。

开发利用状况：农家品种。祖辈流传下来的种植80年以上，面积5亩左右，主要种植在地边地堰。百姓通常用来制作长把笤帚、锅盖、箅子或是编织成结婚用的红席子、红枕头、红盒子。高粱米磨碎后和小麦粉混合可用来制作煎饼、馒头等。

种质名称：黄高粱

采集地：临沂市蒙阴县坦埠镇金钱官庄村

特征特性：根系发达，既抗旱又耐涝，对各种病虫害有一定的抵抗能力。叶片面积小，茎叶表面有一层白粉，能减少水分的蒸发；高粱果实两面平凸，颜色呈黄棕色，亩产量在400千克左右。

开发利用状况：地方品种。栽培历史有百年之久，主要分布在坦埠镇、旧寨乡、垛庄镇、桃墟镇及云蒙湖周边几个乡镇，种植面积大约为500亩。

种质名称：散头高粱

采集地：德州市乐陵市铁营镇赵滩子村北

特征特性：植株高大，株高3～4米，抗倒伏，果穗无中轴，果穗分枝长，分枝长度达45厘米，分枝柔软，韧性强，不易折断。秸秆通直匀称，高粱米熬粥香糯可口。

开发利用状况：农家品种。最初从潍坊市传入，因用途广泛，农户延续种植40多年。高粱米可熬粥，高粱穗去除籽粒后用来制作笤帚，用高粱秸秆制作锅盖、箅子，在农贸市场上深受城里人喜爱。

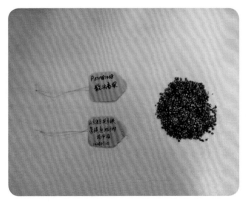 

种质名称：红秆高粱

采集地：聊城市东昌府区沙镇镇陈海村

特征特性：茎秆红色，高粱米香，品质优，具有抗病、抗虫、耐盐碱、抗旱、耐涝、耐贫瘠、耐热等特点。

开发利用状况：地方品种。种植历史40年以上，目前没有被大面积地开发和利用。高粱米可作为小杂粮食用，与大米混煮做饭或饲用、药用。茎秆可用于手工编制既环保又漂亮的工艺品，使用价值较高。

种质名称：甜秫秸

采集地：聊城市阳谷县十五里元镇火炮王村

特征特性：该品种为粒用高粱的一个变种，茎秆高2米左右，生育期100天左右。每亩可产高粱籽粒400千克左右，茎秆富含糖分，含糖量13%以上，鲜秸秆亩产可达5 000千克以上。

开发利用状况：地方品种。已有30多年种植历史，目前该品种籽粒已成为酿酒优质原料，秸秆被作为甘蔗食用，成为物美价廉的"天然绿色食品"。

种质名称：落高粱

采集地：滨州市滨城区秦皇台乡西石家村

特征特性：秆较粗壮，直立，高2.5米，叶片长40～70厘米，宽3～8厘米，表面暗绿色，背面淡绿色，有白粉。果穗较大，小穗松散，籽粒成熟后易脱落。具有适应性广、抗病、抗虫，耐盐碱、抗旱、耐贫瘠等特点。

开发利用状况：农家品种。部分农户在院落、田间地头种植，籽粒成熟后，可用作饲料，也可酿酒。高粱穗籽粒脱落后，可以用来做炊帚、扫帚，箭秆可用来做盖帘使用。

种质名称：长莛秀

采集地：滨州市邹平市九户镇古王台村

特征特性：秆较粗壮，直立，生育期150天左右，株高260～270厘米，穗长40厘米左右，秆长60～80厘米，秆色纯白，适应性强。

开发利用状况：农家品种。农户在沟头堰脊有少量种植，用其莛秆制作盖垫等生活用品。

种质名称：老来瞎

采集地：菏泽市鄄城县旧城镇姜楼村

特征特性：茎秆高且挺拔粗壮，根系发达，气生根多，抗倒伏，叶片深绿，蜡质多。具有耐旱、耐涝、耐瘠薄、耐盐碱等特点。成熟时籽粒饱满，颖壳包裹籽粒严实，不易脱落，故名"老来瞎"。籽粒品质好，适于和大豆一起加工食品，口味佳，当地有"高粱豆，吃不够"之说。

开发利用状况：地方品种。种植历史悠久，近几年，人们利用高粱的秸秆加工出系列工艺品，用于祭祀、娱乐、厨房用具等，使其价值得以充分发挥，也帮助了更多的农民发家致富。现在地方政府引导成立专业合作社，深度开发老来瞎的食用及工艺价值，其种植面积也逐年增加。

小豆（*Vigna angularis*）

种质名称：绿爬豆

采集地：济南市长清区双泉乡李庄村

特征特性：一年生缠绕草本。爬秧，分批成熟。豆粒细长、表皮浅绿色，豆面质地细腻、口感好。

开发利用状况：农家品种，多为小面积自种自用。

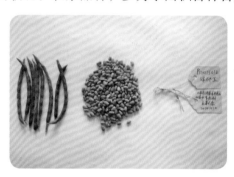

种质名称：红小豆

采集地：济南市钢城区汶源街道北丈八丘村

特征特性：4月上旬播种，9月上旬收获。荚果圆柱状，荚果成熟后由绿转红，一般荚果内有6~10粒种子，种子暗红色，长圆形，亩产约150千克。抗涝，适应性强，果实优质，蛋白质等营养成分高。

开发利用状况：农家品种。农户种植50年以上，在田间地头少量种植。

种质名称: 胶县红爬豆

采集地: 青岛市胶州市胶北镇大庄村

特征特性: 一年藤蔓生菜豆。叶子肾形,荚果绿色,成熟后白色,长20~23厘米。籽粒红色,脐白,皮薄,下锅熬煮容易烂,不过滤豆皮也不影响细腻的口感;口感软糯,品质好,综合性状优良。

开发利用状况: 农家品种。大约种了70年,以农户自留种为主,大都在房前屋后自然散种,主要用来煮粥,做包子或点心馅料。

种质名称: 沂源白小豆

采集地: 淄博市沂源县南鲁山镇南流水村

特征特性: 一年生直立草本。株高70厘米左右,荚果圆柱状,长5~8厘米,宽5~6毫米,平展,无毛,成熟荚黄褐色;种子白色,长圆形,长5~6毫米,宽4~5毫米,两头截平或近浑圆,种脐白色、不凹陷。花期夏季,果期9—10月,籽粒营养丰富。

开发利用状况: 地方品种。中华人民共和国成立前就有种植,是当地群众喜欢的传统杂粮作物,可药食两用。现常年种植面积500亩左右。

种质名称：沂源黄蔓（蛮）豆

采集地：淄博市沂源县石桥镇葛庄村

特征特性：一年生蔓生草本。蔓长60～90厘米，植株被疏长毛。成熟荚果黑褐色，圆柱状，长5～8厘米，宽5～6毫米，无毛，荚果易开裂；种子暗黄色，长圆形，长5～6毫米，宽4～5毫米，种脐不凹陷。花期夏季，果期9—10月。

开发利用状况：地方品种。中华人民共和国成立前就有种植，是当地群众喜欢的传统杂粮作物，可药食两用。现常年种植面积300亩左右。

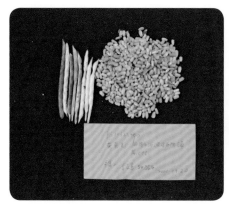

种质名称：沂源红小豆

采集地：淄博市沂源县南鲁山镇南流水村

特征特性：荚果圆柱状，成熟荚黄褐色，长5～8厘米，宽5～6毫米，平展或下弯，无毛；种子暗红色，长圆形，长5～6毫米，宽4～5毫米，两头截平或近浑圆，种脐白色、不凹陷。花期夏季，果期9—10月。

开发利用状况：地方品种。中华人民共和国成立前就有种植，是当地群众喜欢的传统杂粮作物，可药食两用。现常年种植面积800亩左右。

种质名称：红小豆

采集地： 东营市利津县汀罗镇龙王庙村

特征特性： 籽粒比较小，短圆柱形，种皮为深红色，胚部白色，亩产125千克左右；耐盐、耐寒，不易生病生虫。熬稀饭，蒸包子，口感很好，沙性较强，豆香味浓郁，老人和小孩都喜欢。

开发利用状况： 农家品种。在当地种植历史26年，因产量低，农户多在空闲地头小面积种植，自食自用或少量售卖。

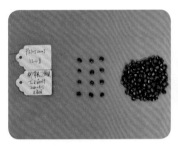  

种质名称：张塘红小豆

采集地： 临沂市郯城县胜利镇张塘村

特征特性： 株高50～70厘米，直立丛生，主根不发达，侧根细长；豆角熟时荚白色，种子深红色，光泽度偏低，属小粒型，千粒重80～100克，口味香甜糯；特别耐旱、耐瘠薄，对土质要求低，易种植。

开发利用状况： 地方品种。郯城县沿马陵山自北向南的山地及有旱田的农户以前都有小面积种植，近几年红小豆的市场价格增高，种植户收益增加，种植面积逐年扩大，目前500亩左右。红小豆可用来煮粥，也可煮熟做馅，制作豆沙包或豆沙馅馒头。

种质名称：小粒红小豆

采集地：德州市临邑县孟寺镇寄庄户村

特征特性：适应性强，如果密植，它就直立生长；若稀植，它能像扁豆一样爬蔓，长十几米高，一棵能产好几斤红小豆。该品种野性很强，只要不使用除草剂，种上一年以后地里每年都会长。荚果镰刀状，长约10厘米；种子长圆形，豆粒小，呈暗红色。

开发利用状况：农家品种。农户自留种逐年种植，用来煲汤或煮粥、做豆沙。

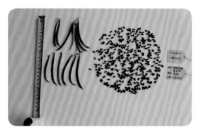 

种质名称：野生红小豆

采集地：德州市齐河县赵官镇银杏村

特征特性：花黄色，茎纤细，可攀爬缠绕3～5米，豆荚细长底部弯曲，嫩时绿色，成熟时变为红褐色。豆粒嫩时绿色，成熟时为红褐色，硬。生长于田边地头或枯木旁，适应性强。

开发利用状况：野生资源。多生长在山坡薄地，常被村民采食熬粥。

种质名称：野生黄小豆

采集地：日照市岚山区巨峰镇新华村

特征特性：枝干蔓生，无限结荚型，一穗可结荚6～10个，每荚种子8～12粒，籽粒黄色，长圆形。具有广适、抗旱、抗病的特性。

开发利用状况：野生资源。主要在山坡闲地有零散生长，暂未被利用。

绿豆（*Vigna radiata*）

种质名称：胡绿豆

采集地：东营市广饶县花官镇草李村

特征特性：有两种不同的生长状态，早种不爬蔓，产量高，亩产约200千克；秋后种爬蔓，产量低，亩产约100千克。籽粒小，种皮呈深绿色，胚白色，入口咀嚼后豆腥味比较重，余味留香。用胡绿豆熬粥，易煮烂，沙性强，口感好。

开发利用状况：农家品种。村民父辈留下来的老种子，一直少量种植于自家的田间地头或者菜园中，种植历史已经超过了25年，因产量低，多自种自用。

种质名称：黄壳绿豆

采集地：东营市河口区新户镇麻郭村

特征特性：早熟品种，豆荚为黄色，籽粒较小，圆粒状，种皮呈浅绿色，胚白色。抗旱、耐寒，在盐碱地上的亩产量150千克左右。豆子可熬粥、做豆沙，易煮烂，沙性强，适口性好。

开发利用状况：农家品种。早年村民在乡村集市上购买的种子，种植历史已有22年。小面积种植，自种自用。

种质名称：黑壳绿豆

采集地：东营市河口区新户镇麻郭村

特征特性：早熟品种，豆荚为黑色，豆子较小，呈圆粒状。种皮浅绿色，胚部白色。抗旱、耐寒，在盐碱地上的亩产量150千克左右。主要用其豆熬粥，做豆沙，易煮烂，沙性强，适口性很好。

开发利用状况：农家品种，当地农户小面积种植。

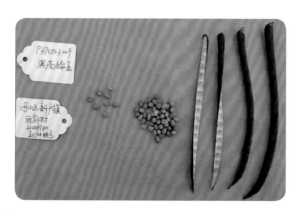

种质名称：小粒绿豆

采集地：济宁市曲阜市石门山镇大西庄村

特征特性：属早熟、稳产品种，株高50厘米，生育期60天左右，亩产120千克左右。结荚性好，荚果线状圆柱形，平展；每荚结粒10～12粒，粒小淡绿色；适应性广、耐旱、耐瘠、耐阴，抗病毒病、褐斑病，是补种、填闲和救荒的优势作物。营养丰富，籽粒蛋白质含量高。

开发利用状况：地方品种。种植历史悠久，目前曲阜及周边地区农民自发留种，每年种植600～800亩。

种质名称：白皮绿豆

采集地：泰安市东平县老湖镇李台村

特征特性：全生育期80天左右，株型直立，紧凑，自封顶；顶部结荚，叶色浓绿，花黄色，荚灰白色，不炸荚，荚长10厘米左右。豆粒绿色，圆柱形；皮薄，易煮烂，品质优良。耐虫性好，储存期很少受到虫害。采摘期较长，最长达30多天，每隔5～6天采摘一次，一般亩产100千克。

开发利用状况：农家品种。农户多年自留种，小面积种植。此品种可分为春、夏两季种植，因其种子耐虫性好，能长久储藏，一般作为救灾作物，在受自然灾害后进行田间补种或在其他作物中补种。

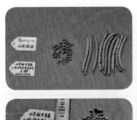

种质名称：黑绿豆

采集地：聊城市茌平区肖庄镇康孟村

特征特性：一年生直立草本。株高50厘米左右，种子黑色，长约3毫米，宽约2.5毫米；豆荚未成熟时，边缘淡黑色，成熟后豆荚黑色。蛋白质、微量元素含量高。具有耐盐碱、抗旱，易种植、易管理的特点。

开发利用状况：农家品种。主要在康孟村周围种植，面积10亩左右。

种质名称：野生绿豆

采集地：济南市历城区港沟街道冶河村

特征特性：叶片形状和栽培绿豆相似，比栽培绿豆品种略小、有毛。茎匍匐贴近地面，长1～3米。荚果线状圆柱形，成熟后呈黑色。荚果内含种子4～5粒，黄绿色、长圆形，种脐白色而不凹陷。分布在山地、沟坡、地堰，抗旱、耐瘠薄。

开发利用状况：野生资源。在济南市南部山区广泛分布，目前尚未产业化开发，可作为育种亲本资源。

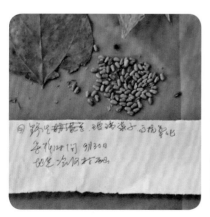

种质名称：绿豆

采集地：济宁市鱼台县罗屯镇周楼村

特征特性：株高30～60厘米，茎蔓细长有毛。羽状复叶具3小叶，小叶卵形。总状花序腋生，花蓝色。荚果线状圆柱形，种子粒小、黑色，短圆柱形。花期初夏，荚果期6—8月。适应性很强，比较耐热、耐旱、耐湿、耐贫瘠，抗病、抗虫。

开发利用状况：野生资源。数量稀少，农民自发地采集野绿豆食用和药用。如用温水浸泡后煮粥，提取淀粉，制作豆沙、粉丝或制成芽菜食用，熬制绿豆水等。

种质名称：乳山野绿豆

采集地：威海市乳山市崖子镇泊乔家村

特征特性：5月前后发芽，植株上有细小的茸毛，茎蔓很长，呈爬藤状；荚果线状圆柱形，平展，长4～8厘米，宽4～6毫米，披淡褐色散生硬毛；种子2～4毫米，短圆柱形，棕褐色。抗病、抗虫害性能好。

开发利用状况：野生资源。主要生长在丘陵、山坡和路边，有较高的药用价值，亦可作为绿肥、饲草或育种亲本。

种质名称： 野生爬秧绿豆

采集地： 德州市齐河县刘桥镇焦集村

特征特性： 茎绿褐色被硬毛，豆荚为圆柱形，成熟时为黑褐色，豆粒成熟时为黑绿色，比一般绿豆小、硬。适应性强，一般沙土、黏土均可生长。

开发利用状况： 野生资源。多生长在山坡薄地，常被采食，熬粥或者喂食家禽。

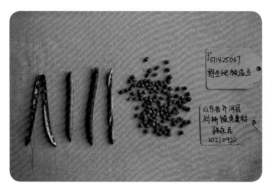 

豌豆（*Pisum sativum*）

种质名称： 铁豌豆

采集地： 日照市岚山区巨峰镇新华村

特征特性： 一年生豆科作物，茎攀缘，多分枝，蔓生。偶数羽状复叶，顶端有卷须。种子、嫩荚、嫩苗均可食用，种子含淀粉、脂肪，可作药用。豌豆煮熟吃，口感肉厚多汁，绵软香甜，豌豆荚炒食质地脆嫩。具有抗病、耐寒、抗虫的特性。

开发利用状况： 农家品种。种植历史大约有30年，农户小面积种植自用。主要用来做黄粉、凉粉、凉皮等。

小扁豆（*Lens culinaris*）

种质名称：扁豆

采集地：枣庄市滕州市木石镇化石沟村

特征特性：豆荚短小，完全成熟豆荚呈黄色，豆粒形状类似于黄豆，大小介于黄豆与绿豆之间，颜色偏黄褐色。用途广泛，用其种子制作的凉粉晶莹剔透，色若琥珀，口感爽滑，也常作为熬粥的原料；富含蛋白质，种子和豆荚是优良的饲料、绿肥。适应性强，耐贫瘠、耐干旱。

开发利用状况：地方品种。种植历史悠久，据当地高龄老人回忆，他们儿时就有种植。目前，在滕州市东部山区个别村镇当地百姓多在地头、地边或林地小面积种植，面积累计不足百亩，主要作为凉粉的原料和杂粮。

种质名称：农家扁豆

采集地：菏泽市郓城县张营镇刘一村

特征特性：越年生，与小麦同季节播种，开浅紫色花，豆荚短，豆粒较小，表面光滑、扁平，产量每亩130千克左右。煮粥易烂，口感面，可做扁豆糕，夏天煮粥不易变质。

开发利用状况：农家品种。目前无大面积种植，仅个别农户长年自留种子种植。

黍稷（*Panicum miliaceum*）

种质名称：红黍子

采集地：青岛市胶州市洋河镇张家村

特征特性：籽实壳为红色，俗称红黍子。生育期120天左右，耐干旱。株高60～120厘米，成熟时穗长约30厘米，千粒重7.5克左右，亩产300千克左右。去皮后俗称黄米，可以用来包黄米粽子；黄米面性黏，常用来做黄糕、汤圆等特色小吃，口感软糯。

开发利用状况：地方品种。自中华人民共和国成立以来在胶州市及周边一带小面积种植，供自家日常食用，现在随着人民生活水平提高，对饮食越来越关注，特色小吃逐渐引起人们的重视，逢年过节，用黄米包粽子、黄米面蒸糕的人越来越多，寓意对美好生活的赞美，是一种极具地方特色的种质资源。

种质名称：稷子

采集地：东营市河口区新户镇兴合村

特征特性：株高近1米，穗子长约20厘米，亩产量150千克左右；耐盐、抗旱、耐寒。外壳深黄色，籽粒白色。当地农户主要是将籽粒脱壳后做成黍米，有黏性，口感较好。

开发利用状况：农家品种。村民从乡村集市上购买而来的种子，种植历史约有32年。因其产量低、销售难，在当地已经很难找到，只有资源提供者一直少量种植于自家的菜园或者地头，用于自家食用。

种质名称：黍子（黏蜀黍）

采集地：潍坊市青州市庙子镇北峪村

特征特性：叶片线状披针形，窄、软、具茸毛，边缘粗糙；圆锥花序，侧穗形，穗主轴上有分枝，顶端着生卵圆形小穗。内外颖成熟时坚硬有光泽，金黄色，颖果圆形，嫩黄色。千粒重6~8克，出米率75%左右，亩产量150~200千克，具有抗旱、耐贫瘠、适应性强及生育期短的特点；黍米有较高的营养价值，富含维生素A。易煮熟、好消化，有黏性。

开发利用状况：农家品种。代代相传，种植历史有50余年。仅在庙子镇北峪村有零星种植，生长于海拔310米的山坡上。黍米可用来制作黄糕、酿造米酒，也是牲畜的优良饲料；秸秆可用来做笤帚。

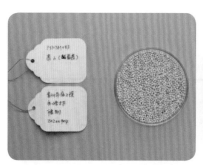

种质名称：糠稷

采集地：临沂市沂南县孙祖镇黄庄村

特征特性：秆子较为纤细，比较坚硬，茎上有节，节上可生根。叶片薄，披针形，生长过程叶子会由绿色变为红色、黄色。颖果长1~2毫米，种子长0.5~1毫米，亩产量200千克左右。籽粒近圆形，表皮白黄色，带有光泽，富含淀粉，可供食用或酿酒；营养价值高。

开发利用状况：地方品种。有50余年的种植历史，目前没有集中种植地，大部分农户零星种植，种植面积不超过100亩，农户收获晾晒后直接销售至市场，秸秆作为家畜饲草和编制笤帚。

种质名称：野生黍

采集地：菏泽市曹县韩集镇仝王庄村

特征特性：生长健壮，耐瘠薄，生命力强。茎秆坚韧有弹性，株高105厘米左右，有分枝现象，有效分蘖1~3个。叶长披针形，较粟宽长，茎叶被有茸毛。圆锥花序，穗型松散，穗的末级分枝顶端着生小穗，籽粒成熟过度时较易落粒。籽粒较小，呈黑色、褐色、灰色，千粒重6克左右。

开发利用状况：野生资源。可作为优质育种材料，有待开发利用。

穆子（*Eleusine coracana*）

种质名称：常河店穆子

采集地：青岛市黄岛区泊里镇常河店村

特征特性：一年粗壮簇生草本。秆直立，高50～120厘米，常分枝。叶鞘长于节间，光滑；叶舌顶端密生长柔毛，长1～2毫米；叶片线形。穗状花序5～8个呈指状着生秆顶，成熟时常内曲，长5～10厘米，宽8～10毫米。果为囊果，种子近球形，黄棕色，表面皱缩；花果期5—9月。

开发利用状况：农家品种。产量低，种植范围小，农户自留种种植。可作育种材料和地方特色种质资源。

种质名称：李庄穄子

采集地：临沂市沂水县四十里堡镇西李庄村

特征特性：一年生粗壮簇生草本。株高2.2米左右，穗头散开，外稃三角状卵形，果为囊果，种子近球形，黄棕色，表面皱缩较粗糙；种脐点状，胚长为种子的1/2～3/4。蛋白质、脂肪、矿物质等营养成分高。

开发利用状况：地方品种。在沂水县四十里堡镇西李庄村及附近的皂角树村、王家庄村、新城沟村、薛家庄村、欧家庄村、连家湖村、黄崖村等几个村子都有零星种植，总面积约20亩。秸秆可用作编织和造纸或作家畜饲料；种子可食用，也可供酿造。

种质名称：马种穄

采集地：日照市莒县长岭镇石井二村

特征特性：一年生簇生草本植物。秆直立，株高140～150厘米，比普通穄子矮。叶鞘长于节间，光滑，叶舌顶端密生长柔毛，叶片线形。穗状花序5～7个，呈指状着生秆顶，成熟时多向内弯曲，整体穗长11厘米左右，单个穗长8～10厘米，宽1～2厘米。颖坚纸质，顶端急尖，背部具脊。果为囊果，种子近球形，黄棕色，表面皱缩。4月下旬播种，9月上旬收获，亩产量170～210千克，其籽粒极耐储藏。耐涝、抗旱、耐贫瘠，抗病虫能力很强。

开发利用状况：地方品种。已种植100余年，中华人民共和国成立前是莒县人民的主要粮食作物之一，种子可加工成煎饼食用，又可作牲畜家禽饲料，秸秆晒干后可编织蓑衣。莒县编蓑衣技艺已经有100多年的历史了，长岭镇75岁的一位老人年轻时就跟随岳父学习编蓑衣，现在他仍然坚守着这一老行当，一件蓑衣价格在600元左右。

薏苡（*Coix lacryma-jobi*）

种质名称：博山薏米

采集地：淄博市博山区博山镇五福峪村

特征特性：秆高1～1.5米，多分枝，具6～10节，叶片宽大。果实10月成熟，成熟后外壳深棕色，单粒重较大，米粒长圆形，黄白色。

开发利用状况：地方品种。有30年以上的种植历史，在博山区只有少量农户种植，自己食用，主要用来熬粥或作为主食。

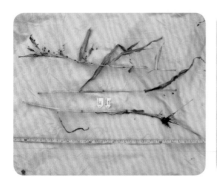 

种质名称：玉蜀黍

采集地：临沂市河东区八湖镇付赤坡村

特征特性：秆直立丛生，高1~2米，具10多节，多分枝；叶片扁平宽大开展，长10~40厘米；总状花序腋生成束，长4~10厘米；种壳厚且坚硬，种粒大，胚乳多，顶端钝圆，表面乳白色；种子断面平坦，白色，富粉性；味淡，微甜。总苞坚硬，美观，按压不破，有光泽而平滑，基端孔大，易于穿线成串，工艺价值大。

开发利用状况：农家品种。部分农户零星种植，收获晾晒后直接销售至市场，玉蜀黍可为念佛穿珠用的菩提珠子，秸秆是优良的牲畜饲料。

种质名称：小铁玉米

采集地：日照市莒县洛河镇刘家南湖村

特征特性：茎秆直立，高1米左右，节多分枝，具12~15节。叶极尖，叶舌极短，叶片长，扁平。总状花序簇生于叶腋，总苞小，长约0.8厘米。4月下旬播种，9月下旬收获，生育期150余天，花期长，种子成熟期不一致，种子前期灰白色，成熟后亮黑色，坚硬，有光泽，产量高，亩产达1 000千克。抗旱、耐贫瘠。

开发利用状况：农家品种。在莒县种植面积极少，普查队在洛河镇刘家南湖村某户房前菜地发现了30余株，数量稀少，该户种植小铁玉米已有10余年，种子可以用来穿线成菩提珠子，也可作为饲料，叶片晒干后可以泡水喝，保健作用效果好。

荞麦（*Fagopyrum dibotrys*）

种质名称：野荞麦

采集地：日照市五莲县洪凝街道大青山

特征特性：茎直立，高30～90厘米。茎细长，色淡红。叶三角形，长2.5～7厘米，宽2～5厘米，顶端渐尖，基部心形；花序总状，顶生，花梗比苞片长，花期5—9月，果期6—10月；籽粒棕黑色，无光泽，瘦锥果形，具3锐棱，顶端渐尖，长5～6毫米。耐瘠薄，抗逆力强。营养全面，富含黄酮等成分。

开发利用状况：野生资源，主要在山坡闲地零散生长。

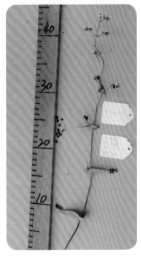

种质名称：野生荞麦

采集地：济南市历城区高尔乡花坦村

特征特性：株高约50厘米，茎直立，红色，上部分枝绿色，具纵棱。叶三角形，下部叶具长叶柄；花序总状，顶生，白花簇生。一般10月上旬收获，籽粒分期成熟，易落。种子易煮熟、易消化、易加工。含有丰富的膳食纤维，不仅营养全面，而且富含多种高活性药用成分。

开发利用状况：野生资源。广泛分布于历城区南部山区田间地头和荒坡之中，比普通荞麦栽培品种更抗旱、耐贫瘠，多采集根茎、果实，主要用于保健茶、药用，可作为荞麦育种的种质资源。

籽粒苋
(*Amaranthus paniculatus*)

种质名称：繁穗苋

采集地：滨州市滨城区杨柳雪镇孟东村

特征特性：俗称老鸭谷，高1.3米。茎直立，秸秆粗壮，淡绿色，有时带紫色条纹，稍具钝棱。叶片长5~12厘米，宽2~5厘米，有小凸尖。果穗红色，圆锥花序直径2~4厘米，由多数穗状花序形成。种子扁圆形，直径1毫米，黑色。花期6—7月，果期9—10月。耐盐碱、抗旱。

开发利用状况：野生资源。散生于田间地头，幼苗茎叶可作蔬菜，种子为粮食作物，食用或酿酒，也是一种优质饲料。

种质名称：红繁穗苋

采集地：滨州市无棣县车王镇东李子口村

特征特性：俗称玉谷，种子黄白色，有光泽。叶片柔软，茎秆脆嫩，纤维素含量低，气味纯正，适口性好，可作为蔬菜食用，也是猪、禽、牛的优质青饲料；籽粒营养丰富，可加工糖板子、糖团子，深受老人和儿童喜爱。适应性强，在路旁、地边、沟头、生荒薄地及贫瘠酸碱土壤都能生长。

开发利用状况：农家品种。目前无棣县种植红繁穗苋的农户仅剩1户，是祖上流传下来的农家品种，每年种植面积1~2亩。

蔬菜

南瓜（*Cucurbita moschata*）

种质名称：栲栳南瓜

采集地：青岛市即墨区田横镇外栲栳村

特征特性：植株适应性强，易成活。果实葫芦形，长12厘米左右；产量大，亩产可达3 000千克。吃起来口感软糯面甜，粉质性强，不腻人，品质超群。

开发利用状况：地方品种。种植区域主要位于即墨区田横镇，每家每户都有种植。目前，种植面积约3 000亩，亩产值6 000元左右。近年来，针对栲栳南瓜快速发展的态势，专业部门加大了生产技术普及推广的力度，提高了栲栳南瓜生产管理水平，使产品达到了高产、高效、优质、无公害的目标，越来越受群众的青睐。

种质名称：本地南瓜

采集地：淄博市高青县木李镇杂姓刘村

特征特性：生长势强，便于打理。果实扁圆形、直径40厘米左右，单果重一般在10千克左右，果皮橙黄色带浅色斑点，肉质橙黄色；成熟后，南瓜籽饱满，浅棕色；口味甜面；抗逆性强、抗旱、耐盐碱、耐瘠薄。

开发利用状况：地方品种。当地群众喜欢种植于房前屋后、庭院或空闲荒地等，多用于熬粥，还可用于制作南瓜饼；成熟饱满的南瓜籽，烘烤后，也是当地群众喜欢的小吃。

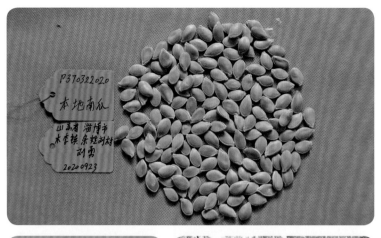

种质名称：桓台盘式南瓜

采集地：淄博市桓台县唐山镇黄家村

特征特性：瓜扁圆形，似磨盘，高13~15厘米，横径26~30厘米，单瓜重3.5~5千克。瓜皮深绿色或墨绿色，老熟时转为红棕色，有浅色斑纹，表面附有蜡粉。肉橙黄色，厚4~5厘米，瓤小，水分少，味甜，质面。亩产2 500~3 000千克。耐热（40℃对其影响不大）。

开发利用状况：农家品种。当地群众喜欢种植于房前屋后、庭院或空闲荒地等，多用于熬粥，还可用于制作南瓜饼；成熟饱满的南瓜籽，烘烤后，也是当地群众喜欢的小吃。

种质名称：人南瓜

采集地：淄博市博山区博山镇邀兔村

特征特性：成熟果实形状细长，果皮果肉呈金黄色，纤维少，口感绵甜；具有抗病、耐旱、高产、耐储存等特性。

开发利用状况：地方品种。中国南瓜普通品种，在博山镇种植历史悠久，农户多在堰边、地头种植，既可以自己食用，又可以拿到市场上出售，增加经济收入。

种质名称：南瓜

采集地：东营市利津县明集乡西望参村

特征特性：植株长势旺盛，瓜体的个头大，单瓜重2.5~3千克，呈现出"头大尾小"的圆形；瓜皮浅黄色，种子"葵花籽"形，种子外壳黄色，种仁白色。用此南瓜炒菜或者做南瓜粥，口感香甜、软糯，深受小孩和老人的喜爱。

开发利用状况：农家品种。在当地的种植历史已有23年，农户在自家菜园种植，自产自用或到集市去卖。

种质名称：番瓜

采集地：东营市广饶县花官镇东道口村

特征特性：植株生长势强，爬蔓，单穴可结出7~8个大瓜，单个瓜重3千克左右，产量比较高。南瓜牛腿状，瓜皮黄褐色，瓜肉金黄色，种子"葵花籽"形，种子外壳浅黄色，种仁白色。可炒菜，口感比较面，也可熬制南瓜粥，香甜可口。

开发利用状况：农家品种。村民父辈从江苏省引种而来，在当地的种植历史超过30年。农户在自家菜园种植，自产自用或到集市去卖。

种质名称：人北瓜

采集地：泰安市泰山区省庄镇小津口村

特征特性：葫芦科南瓜属，泰安市一带习惯称为北瓜。外形细长，果实长度可达1米，表皮光滑，皮薄肉厚，瓜瓤为黄色，结种集中在膨大部位，细长部分均可食用，与其他南瓜品种相比可食用部分占比大；口感香甜软糯，较细腻；产量高，单个瓜重3~4千克，一般每株结瓜8~10个，平均株产达32.5千克左右。抗旱。

开发利用状况：地方品种。在泰安市一带山区、平原地区均有种植，种植于山区的人北瓜品质多优于平原地区，多为零星种植，以农户自留种为主，主要是自种自销。嫩瓜多用于制作水饺、包子馅料，口感鲜嫩，成熟瓜用于做菜、做粥。

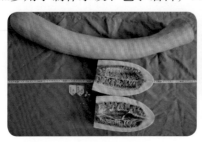

种质名称：笨南瓜

采集地：日照市莒县招贤镇大窑村

特征特性：一年生蔓生草本，茎长可达5~10米。果梗粗，有棱，果实扁圆形，有多条纵沟，纵沟深浅不一，有8~10个较深的纵沟，外皮青色，内部金黄色；种子长圆形，白色。4月下旬播种，9月中下旬即可采收食用，采摘期可持续到10月中下旬。单果重1~2.5千克，亩产可达3 500~4 000千克。味道面而甜，做馒头颜色金黄，香甜可口；耐储运。

开发利用状况：地方品种。在莒县栽培历史悠久，20世纪60—70年代一度作为主要食物。目前种植面积极少，多数农户在房前屋后种植，全县累计种植面积在300余亩。冬天食用最多的一种蔬菜，可以炒着吃、蒸着吃，也可以和面蒸南瓜馒头。

种质名称：赛沙缸白吊瓜

采集地：德州市德城区抬头寺镇王舍村

特征特性：坐果性好，不须人工辅助授粉，果型周正，果皮乳白色，光滑。果实个头硕大，平均单果重30千克以上，口感好，耐储藏。主要用于做菜馅，口味清香。

开发利用状况：地方品种，在德城区周边农村庭院和零散地块多有种植。

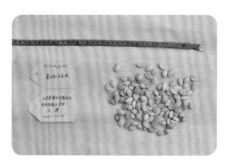  

种质名称：长南瓜

采集地：菏泽市郓城县潘渡镇任屯村

特征特性：瓜肉厚，种子空间小且数量少，口感面、不太甜，色香味美，品质上乘，适合糖尿病人群食用。高产，每亩5 000千克左右，耐储存，完整的长南瓜只要放在阴凉的地方，可保存1个月左右，冷藏可以保存更久。抗蚜虫、白粉虱，抗枯萎病、粗缩病。根系发达，可嫁接黄瓜。

开发利用状况：地方品种。中华人民共和国成立前就有种植，现有种植面积60亩左右。

西葫芦（*Cucurbita pepo*）

种质名称：金丝搅瓜

采集地：泰安市岱岳区夏张镇关王庙村

特征特性：单瓜重平均3千克，一棵瓜秧两个瓜，瓜皮呈金黄色，瓜瓤如粉丝，以老熟果实供食用，开水蒸熟后，用筷子一搅，金丝自开，冷水投过，加上佐料，即可佐餐下酒。也可以炒制、做馅等，营养丰富，富含果胶及多种维生素。

开发利用状况：地方品种。自20世纪80年代引进本土种植，在夏张镇关王庙村周边种植面积2 000余亩，农户累年自留种种植，在关王庙村农户采用大田种植和林下种植两种栽培模式，利用樱桃林地种植金丝搅瓜，樱桃采收末期，金丝搅瓜开始坐果，这种种植模式大大提高了农田利用率，增加了农户收入。

栝楼（*Trichosanthes kirilowii*）

种质名称：吊瓜

采集地：东营市东营区牛庄镇大杜村

特征特性：瓜呈葫芦形或圆形，果肉较多，鲜嫩，瓜皮浅绿色，瓜瓤白色；种子为"西瓜籽"形，种子外壳浅黄色，种仁白色。单穴可结出4~5个吊瓜，单瓜重量1.5千克左右；适应性广，耐盐碱性强，在盐碱地能正常生长。种吊瓜做菜食用口感较好，带有一定的甜味。

开发利用状况：农家品种。在当地已种植了20多年，农户主要种植于自家的菜园中，自产自用或到集市去卖。

丝瓜（*Luffa aegyptiaca*）

种质名称：带棱丝瓜

采集地：东营市利津县明集乡南望参二村

特征特性：植株生长旺盛，爬蔓，需人工打架。瓜长为70厘米左右，带棱；瓜皮墨绿色，去皮后瓜瓤白色，不变色；种子小"西瓜籽"形，种皮黑色；每穴结瓜数10~15个，产量较高。可在盐碱地上种植，耐寒，嫩丝瓜炒菜，吃起来味道甜，水分少，鲜嫩爽口；老丝瓜取其内瓤纤维可用于刷锅。

开发利用状况：农家品种。村民从无棱丝瓜中发现后选育保留的品种，在当地的种植已超过22年。主要种植于农户的菜园中，自产自用或到集市售卖。

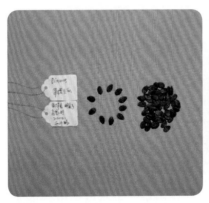 

甜瓜（*Cucumis melo*）

种质名称：火银瓜

采集地：潍坊市青州市高柳镇孙家庄村

特征特性：果实圆筒状，单果重200~300克，早熟（生育期180天）；果实未成熟前果皮呈绿色，成熟后果皮呈淡黄色，果肉白色，酥脆甘甜，香气浓郁。

开发利用状况：地方品种。青州银瓜的主栽品种，最早记载于明嘉靖《青州府志》，至今已有400多年的栽培历史，清乾隆间即为贡品。青州银瓜主产于青州市弥河沙滩，主要分布在高柳镇、弥河镇、黄楼镇弥河两岸的缓平坡地。目前青州市银瓜栽培面积3 000亩，年产量6 250吨。

种质名称：边梁脆

采集地：潍坊市寿光市洛城街道洛城中村

特征特性：果实长条形，薄皮，翠绿色，有条纹，成熟后发白，果肉白色，汁多、质脆，味道清香，略带甜味。单瓜重750～1 000克，生长期50天左右。

开发利用状况：地方品种。种植区域以寿光市洛城街道为主，拱棚栽培，一年两茬，因皮薄耐运输性差，主要在本地集市销售，种植较少。

种质名称：*疙瘩脆*

采集地：潍坊市寿光市田柳镇阁黎院村

特征特性：果实椭圆形，表面带棱不平滑，皮色浅绿，果肉白中带绿，生食汁多、质脆、口感细腻，单瓜重500克左右，产量1万千克/亩。

开发利用状况：地方品种。从20世纪50年代本地就有种植，为农户多年自留种。种植区域以寿光田柳镇为主，拱棚栽培，种植面积较少，皮薄不耐储存，主要在本地集市销售。

种质名称：*三棱黄皮面瓜*

采集地：潍坊市寿光市营里镇北宋家庄子村

特征特性：坐果后约38天成熟，瓜呈梨形或椭圆形，成熟后黄色，有绿色纵沟纹8~11条，单果重0.5~2.5千克，果肉黄色，口感甜面，香味浓，亩产3000千克。

开发利用状况：地方品种。有几百年的栽培历史，种植区域主要在寿光市北部的营里镇，种植较少。

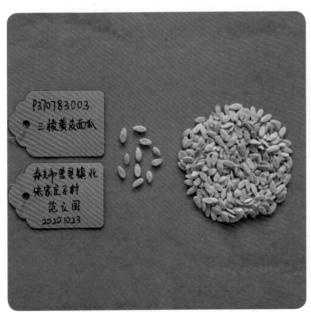

种质名称：泰山火红蜜

采集地：泰安市新泰市新甫街道前上庄村

特征特性：生育期70天左右，6月上旬收获。果实倒卵圆形，瓜皮光滑呈现火红色、果肉深黄色，皮薄，肉厚1~2厘米；脆嫩多甜汁，熟透后面甜，香气四溢，皮瓤均可食用。单瓜重300~500克，亩产2 500千克左右。

开发利用状况：地方品种。又称火里蹦、火瓜子。在新泰市有100多年的栽培历史。最早在新泰市龙廷镇种植，由种植户年年自留种，种植区域以新泰市新甫街道、龙廷镇为主，栽培面积2 000余亩；2019年新泰市泰星种业注册"泰山火红蜜甜瓜"种子商标，种子主要销往山东省临沂市和陕西省宝鸡市，在外地栽培面积约400亩。

种质名称：青瓤依子

采集地：日照市莒县招贤镇东瓦屋村

特征特性：果实球形，果品平滑，有纵沟，果肉青色，有香甜味。成熟后柔软多汁，口感沙面，味道独特，适合牙口不好的老年人食用，又被称为"老头乐"。有人夸张地形容狗吃了这种面瓜以后会被它噎死，又被叫做"噎死狗"。4月上中旬播种，6月中下旬成熟采收，单果重达450~800克，最大可达1千克，亩产量可达1 500~2 000千克。

开发利用状况：地方品种。在莒县种植历史悠久，《莒县志》《莒县农业志》均有记载，自民国时期，就有农户种植这种面瓜，但由于其口感发面，熟透了不易保存，种植面积逐年减少，目前种植面积在30亩左右。这种面瓜适合牙口不好的老年人，所以农村老人每年留存种子，自家菜园或者玉米行内种植；有时也到集市上售卖，价格基本维持在6元/千克，1亩地能收益1万元左右。

种质名称：十道白梢瓜

采集地：临沂市兰山区半程镇东哨村

特征特性：因瓜身有十道白条故称十道白梢瓜。植株生长强势，果实长棒形，嫩瓜浅绿色，有软茸毛，上部稍细瘦，向下逐渐增粗。成熟后口感清脆，可直接食用，也可做成菜品。耐热性、耐湿性、抗病性较强。

开发利用状况：地方品种。已有近40年的种植历史，在兰山区半程镇东哨村及方城镇部分村庄有种植，面积约为300亩。

种质名称：三棱头甜瓜

采集地：德州市宁津县刘营伍乡龙潭村

特征特性：三棱头甜瓜因果实顶部外形有三棱而得名。栽种时间在谷雨节气前后，立秋后成熟；果实较大，在300～500克，完熟后，口感软糯、微甜，适宜老人和小孩食用。具有耐盐碱、耐旱的特点，一般亩产量1 600～2 000千克。适应性强，对气候、土壤要求较低，在县域大部分地区均可种植。

开发利用状况：地方品种。栽种时间可追溯到20世纪70—80年代，目前其栽种面积较少。

种质名称：老鼠尾（yǐ）子

采集地：滨州市惠民县姜楼镇庙黄村

特征特性：瓜条细长，瓜皮从小到大均为黑色，瓜皮脆，瓜肉为红色，非常甜。

开发利用状况：地方品种，农户已种植40年左右。

种质名称：花里虎面瓜

采集地：菏泽市东明县沙窝镇霍庄村

特征特性：表皮深绿色，有明显白沟花纹，俗称花里虎面瓜。红瓤、干面，香味浓，口感好，糖度可达16度以上，有化食通便之功效，果实呈桶状，直径13厘米左右，内软皮硬，单瓜重1~2千克，产量高，耐储运，亩产5 000千克左右。

开发利用状况：地方品种。面瓜稀有品种，保护地、陆地均可栽培，在沙窝镇、长兴集乡、焦园乡一带有少量种植。

种质名称：招远铁把甜瓜

采集地：烟台市招远市阜山镇闫家村

特征特性：薄皮甜瓜类型，成熟后果实绿中带微黄，瓜蒂坚硬，熟而不落，当地人称"铁把瓜"。瓜圆形、果面光滑、肩部平，单瓜重200～350克，含糖量为13.5%，亩产2 000千克左右。口感特甜，瓜香浓郁，风味极佳。

开发利用状况：地方品种。据《招远县志》记载，始于清顺治年间，距今已有300多年栽培历史。历经300年的有性繁殖与人工选择选育出了招远铁把甜瓜。目前，在古山屯村、东罗家村、闫家村、西涝泊村、西罗家村等10多个村1 500多户种植，是鲜食和作礼品的理想甜瓜品种，已成为远近闻名的农产品地方品牌。

种质名称：野甜瓜

采集地：淄博市沂源县鲁村镇石门村

特征特性：蔓长2米左右，分枝15条左右，植株纤细；花较小，黄色，双生或3枚聚生；子房密被柔毛和糙硬毛，果实小、球形，瓜径2厘米左右，瓜长3厘米左右，有香味、味甜，果肉极薄；抗旱能力强，高抗霜霉病、白粉病、炭疽病、枯萎病等瓜类病害，耐高温。

开发利用状况：野生资源，是培育新品种的原始材料。

冬瓜（*Benincasa hispida*）

种质名称： 冬瓜

采集地： 淄博市博山区博山镇邀兔村

特征特性： 果实呈圆柱形，表皮浅绿色，颜色不均匀，果肉水分大，纤维少，口味清爽、可口。

开发利用状况： 农家品种。在博山区种植历史悠久，农户主要在堰边、地头种植，果实既可以自己食用，又可以拿到市场上出售，增加经济收入。

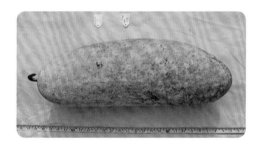

种质名称： 方瓜

采集地： 东营市广饶县稻庄镇宋寨村

特征特性： 植株生长势强，爬蔓。瓜圆柱形，每株可结瓜5~6个，单瓜重4千克左右，长约60厘米，产量比较高。瓜皮为浅绿色，瓜肉白色，种子"葵花籽"形，种子外壳黄色，种仁白色。用于炒菜，口感面而甜，味道极好。

开发利用状况： 农家品种。在当地已种植了25年，农户在自家菜园中种植，自产自用或到集市去卖。

笋瓜（*Cucurbita maxima*）

种质名称：玉瓜

采集地：青岛市即墨区田横镇里栲栳村

特征特性：单瓜可重达12.5千克，亩产2 600千克。成熟后有条纹，黄绿色，极耐储存。抗病性、耐寒性强，正常情况下，整个生长期内基本无病害发生。

开发利用状况：地方品种。主要集中在田横镇种植，可用于培育综合抗性优良的新品种。

种质名称：黄笋瓜

采集地：菏泽市鄄城县董口镇臧庄村

特征特性：瓜皮金黄色，瓜身横向有白色条纹，瓜肉淡黄，单瓜重0.5 ~ 2千克，每株可收获6 ~ 10个瓜。以嫩瓜为食，肉质脆嫩，爽口清香，风味独特，品质极佳，食用口感好，含较丰富的葡萄糖和维生素C，具有较高的营养及保健价值。抗病、耐寒、高产。

开发利用状况：地方品种。珍稀优良的笋瓜种质资源，现在的古泉街道张寺堌堆村农民历来有种植"黄皮笋瓜"的习惯，迄今已有近百年历史。目前在董口镇臧庄村、古泉街道何桥村及周边部分村庄均有零星种植，保护地栽培每亩可产嫩瓜6 000 ~ 8 000千克。吃法有多种，既可炒食也可凉拌、煮粥，炒笋瓜已成为鲁西南一道名菜，特别是"醋炒笋瓜片"成了不少星级饭店的招牌菜。

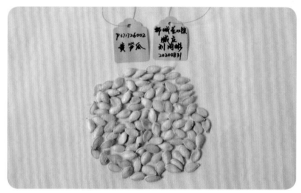

种质名称: 笋瓜

采集地: 菏泽市郓城县侯集镇八里湾村

特征特性: 当地称"荀瓜",瓜皮金黄色,光滑略有光泽,椭圆形,菜质细嫩。高产,亩产5 000多千克,抗霜霉病、甜菜夜蛾等,耐贫瘠,易管理,整个生长过程不施用农药。

开发利用状况: 地方品种。从20世纪80年代流传至今,目前在侯集镇八里湾村有种植,以大棚种植为主,面积约100余亩。当地常用来熬汤、热炒、煎菜托、包饺子等。

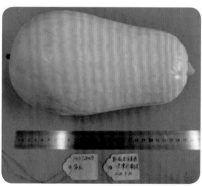

种质名称：一窝蜂

采集地：菏泽市单县北城街道四里埠村

特征特性：茎粗壮，圆柱状，叶面深绿色，叶背浅绿色，卷须粗壮，果肉鲜嫩、口感极佳，较一般笋瓜品种早熟、耐储存。

开发利用状况：地方品种。单县北城街道四里埠村村民樊志远祖辈流传下来的老品种，已经种植了50多年。目前在该村种植60多亩，每到该品种成熟的季节，南京市、无锡市、上海市等城市的菜商就会带车到田间地头抢购新鲜笋瓜。

西瓜（*Citrullus lanatus*）

种质名称：甜王

采集地：青岛市平度市明村镇大黄埠村

特征特性：瓜椭圆形，皮草绿色或翠绿色，覆有深绿色条带，皮薄、肉甜，沙瓤、水分足，瓜肉红色或淡红色，含糖量12%以上，口感香甜。早熟，通常在每年的3月初授粉，五一之后就会陆续上市，在7月的露天西瓜没有收获之前，它们就是市场上的主角。

开发利用状况：地方品种。大黄埠村位于胶东半岛西端，历史名山三合山脚下，当地至今流传着三合山自古以来的三件宝"西瓜、铃铛石、野山枣"，其中甜王西瓜形成的历史最早，质量最好，是大黄埠村西瓜的代表。目前，全村共有240户从事西瓜种植，总生产面积2.3万亩，年产值2 500万元。

种质名称：三白西瓜

采集地：临沂市兰陵县兰陵镇孙楼村

特征特性：茎、枝粗壮，具明显的棱沟，果实椭圆形，一般横长28～39厘米，纵长20～29厘米，果重4～12千克，最大可达18千克。果面平滑，皮较厚，色泽白中泛绿，白瓤、白籽，个大味甜，多汁，汁含蜜香，籽少爽口，耐储存，6月采收的西瓜能放到过年的时候吃。药用价值较高，古医书载云：三白瓜瓤亦称"白虎汤"。

开发利用状况：地方品种。元朝时期传入我国，有百年的种植历史。目前，有两个合作社在发展规模化种植，加大对该种质资源的开发利用，种植面积200余亩。

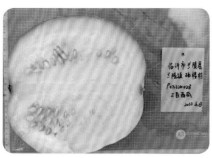 

黄瓜（*Cucumis sativus*）

种质名称：城阳鲁黄瓜3号

采集地：青岛市城阳区夏庄街道曹村

特征特性：长势强，三节着瓜。早熟，4～6叶就可结瓜，采果期40～60天。果实表面蜡粉明显，瓤微黄，鲜食不发涩，嫩脆、味鲜，亩产3 500千克左右。

开发利用状况：地方品种。由城阳区原"叶儿三黄瓜"选育而成，现是城阳区主栽品种。目前在胶东地区种植广泛，种植面积约4 000亩。可用于培育综合抗性优良的黄瓜品种。

种质名称：白金黄瓜

采集地：烟台市海阳市朱吴镇山中涧村

特征特性：生长势强，以主脉结瓜为主，第一雌花一般坐生在第四节或第五节，挂条圆筒形，粗细均匀，刺瘤少，瓜色乳白，清脆爽口，回味甘甜；瓜大，单瓜重200～250克，果期时间极长，可以生长到霜降。高抗霜霉病、白粉病和枯萎病，耐寒、抗旱、浇水较少，春播、夏播都可。

开发利用状况：农家品种。有上百年的种植历史，农民少量种植，自食或到集市上进行贩卖。

种质名称：新泰密刺

采集地：泰安市新泰市西张庄镇高孟村

特征特性：植株生长势强，主蔓结瓜，瓜条棒形，长25～35厘米，横径约3厘米，单瓜重150～200克，瓜深绿色，瘤刺密，瓜把短，质脆，微甜。生育期100天左右，耐寒性较强，抗枯萎病及霜霉病。亩产量5 000千克以上。

开发利用状况：地方品种。1955年从小八权中选育而来，1986年定名为新泰密刺。寿光市保护地栽培的主栽品种，以此为亲本培育的黄瓜新品种多达15个，年销售黄瓜种子6万千克，产品销往全国20多个省（市、自治区），栽培面积达到100多万亩。

种质名称：十道墨（mèi）黄瓜

采集地：滨州市惠民县桑落墅镇街南陈村

特征特性：单瓜个大，最大可达1 000克左右，瓜条绿脆，口感清香，整个瓜条从瓜柄到瓜头有9条明显的淡黄色条纹。

开发利用状况：农家品种。村民套种在自家棉花田中，收获后自用。

种质名称：老天黄瓜

采集地：菏泽市东明县沙窝镇霍庄村

特征特性：表皮青绿色，有纵沟，果肉白色，瓜味纯正，单瓜重1～2.5千克，每株可结瓜4～6个，产量高，亩产可达5 000千克以上。根系发达，坐果率高，具有易管理、耐旱、耐储运、抗霜霉病、抗炭疽病等特点。

开发利用状况：地方品种。可用于炖肉、炒菜、凉拌、生吃、腌制等。

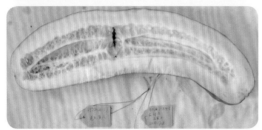

种质名称：黄瓜

采集地：菏泽市牡丹区安兴镇国庄村

特征特性：个大，是普通黄瓜个头的7～8倍，单个瓜重700～800克，籽粒少，口感脆甜。耐贫瘠，农户种植不用施肥，自然生长也未见病虫害。

开发利用状况：农家品种。农户常年自留种种植，自己食用。

菜瓜
（*Cucumis melo var. conomon*）

种质名称：北营脆瓜

采集地：潍坊市寒亭区开元街道北营村

特征特性：果实长条形，有花纹，口感酥脆，略带甜味，味道清香，高产、优质，产量可达7 500千克/亩。

开发利用状况：地方品种。有40多年种植历史，2000年以前，只在北营一个村种植，面积也只有200亩左右，到现在已带动周围十几个村种植，面积也达到3 000多亩，产值达到近1亿元。

苦瓜（*Momordica charantia*）

种质名称：白苦瓜

采集地：滨州市阳信县劳店镇迷羊孙村

特征特性：瓜条长纺锤形，瓜皮白色有光泽，表面呈不规则棱状凸起；外观精美，成熟的白苦瓜颜色洁白、晶莹剔透；肉浅绿色，汁多肉厚；与绿苦瓜相比，苦味淡、口感脆，水分足，适合榨汁，消费者比较容易接受。功效和青苦瓜一样，有清热祛火的功效，在蔬菜中有着"良药"的美誉，尤其适合在高温多湿的地方食用；品质好，较耐热、抗病，具有高产、稳产的特性。

开发利用状况：农家品种。农户零散种植，自家食用，极具开发潜力。

瓠瓜（*Lagenaria siceraria*）

种质名称：巨型亚腰葫芦

采集地：泰安市宁阳县八仙桥街道徐马高村

特征特性：根系发达，结果性强，一般一棵能结果十几个，果实个头较大，成熟果实在80～100厘米；形态各异，造型优美，形状可爱，像两个摞起来的球体，上小下大，中间有一个纤细的"蜂腰"，俗称"亚腰葫芦"，人工雕琢后更会给人以喜气祥和的美感。

开发利用状况：地方品种。经百姓多年种植，选择个体较大留存所得。原本是一些农家自行种植之后当作玩件的亚腰葫芦，如今成了带动农民增收的手段，并渐成一种致富产业，可通过模具塑形，雕刻图案，做成文玩工艺品，商品价值高，最高售价可达3 000元。"宁阳福葫芦"已经成为泰安市非物质文化遗产。

种质名称：观赏葫芦

采集地：聊城市东昌府区堂邑镇路庄村

特征特性：夏、秋开白色花，雌雄同株。果实大小形状各不相同，如果实下部圆大，上部有一粗短柄的叫"大葫芦"；形似两个球体，上小下大，中间有一个"蜂腰"的叫"亚腰葫芦"；其形圆扁为"扁圆葫芦"；下部浑圆，上部有一根细长柄的叫"长柄葫芦"；首尾如一，其形呈不规则圆筒形叫"瓠子"。东昌葫芦被视为吉祥之物，也是一种人文瓜果，直接以其汉语谐音"福禄"代称。

开发利用状况：地方品种。东昌府区种植和加工葫芦的历史可以追溯到宋朝，到明清时期进入发展成熟期，葫芦雕刻技艺经过上千年的传承和发展催生了当地独具特色的葫芦产业。目前，全区葫芦种植总面积达6 000余亩，年产葫芦6 000多万个，占全国份额的60%，销售额近3亿元。刮皮、晾晒、挑选、构图、雕刻、上色、镂空、打磨等"东昌葫芦雕刻"技艺已被列入国家级非物质文化遗产保护项目，葫芦文化已深入人心。东昌府区正在利用葫芦这副"文化牌"推动乡村旅游发展，助力乡村振兴。

辣椒（*Capsicum annuum*）

种质名称：胶州羊角椒

采集地：青岛市胶州市胶西、胶北街道

特征特性：辣椒长10～14厘米，横径2.5～2.8厘米，果实羊角形，果型优美，色泽紫红，红度高、辣度适中，商品性好，产量高，亩产量能达3 000～3 500千克。

开发利用状况：地方品种。种植历史悠久，1998年胶州市农业技术推广站在原有红辣椒基础上改良选育的胶州羊角椒品种。经过多年的研究与开发，胶州羊角椒经历了自留自用、提纯复壮、杂交制种3个阶段，现已实现了"三系"配套杂交制种。

种质名称：香辣椒

采集地：济宁市任城区李营街道时庄村

特征特性：熟性偏晚。植株生长势强，株型较大，株高80～90厘米。叶互生卵状披针形，枝顶端簇生状；花单生，花冠白色。果实长指状，顶端渐尖弯曲，鲜果青色，干果红色，单果干重0.6克左右，丰产性好，亩产鲜椒2 500～3 000千克。种子扁肾形，淡黄色。香辣椒色泽鲜艳、肉厚、味辣、香味浓。耐肥、耐旱、抗倒、抗病毒病。

开发利用状况：地方品种。当地农民自留自选而成，任城区李营街道时庄村已种植香辣椒10多年，是香辣椒集中种植区。目前，在时庄村及其他村庄已发展到100多

亩，香辣椒属于特异用途的地方辣椒品种，干鲜两用，深受消费者青睐，有待进一步开发利用。

种质名称：元宝观赏椒

采集地：济宁市泗水县泗张镇方家庄村

特征特性：结果迟，属于晚熟品种。株高1.5米左右，茎秆粗壮，抗倒伏。叶片绿色卵形，花白色。每株结果几十个，果实四周有不规则凹凸，果长5厘米左右，单果重3.5～6克，幼果绿色，成熟后深红色，形状奇特，色彩艳丽。适应性强，栽培容易，耐阴、耐肥水、抗病毒病，适宜观赏园艺及露地栽培。

开发利用状况：地方品种。20世纪90年代由泗水县泗张镇从外地引进，泗水县当地特有资源，已零星种植多年，每年种植面积10～20亩。该品种奇特艳丽像倒挂的灯笼，极具观赏价值，并可食用。因此，可进一步开发利用，发展家庭盆栽观赏园艺，为生活增添乐趣，增加社会效益和经济效益。

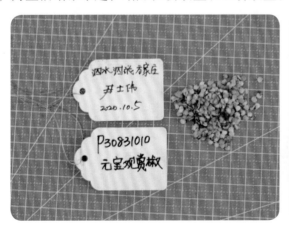 

种质名称：兖州红朝天椒

采集地：济宁市兖州区大安镇谷村

特征特性：株高70~80厘米，茎分枝多，叶互生，花白色，椒簇生朝上。果实子弹形、皮厚，顶端渐尖稍微弯曲，成熟前绿色，干椒红色，果较小。种子扁圆形，淡黄色。鲜椒辣味浓重鲜美，油分较多，含水量低，结果集中，适合晒椒。其干椒"辣"得有味，辣中溢香。产量高，亩产干椒200~300千克；抗病毒病。

开发利用状况：地方品种。俗称"秦椒"，历经多年自选自留栽培，逐步分为几种类型，这是其中一种朝天型辣椒，形成于20世纪90年代。目前在颜店、大安和漕河等乡镇都有种植，全区辣椒种植面积800~1000亩。

种质名称：乳山辣椒1号

采集地：威海市乳山市午极镇泽上村

特征特性：辣度高，皮薄肉质厚，具有特殊的香味，主要作为制作鲜椒酱的原材料，抗旱、抗病虫害、耐贫瘠，亩产高达2000~4000千克。

开发利用状况：地方品种。杭椒在授粉和外部环境等多重因素影响下产生的变异品种，在乳山市有20多年的种植历史，目前种植面积50余亩。当地辣椒种植、加工和销售，已形成"公司+基地+'互联网+'"的运作模式。鲜椒酱不添加辣味素等添加剂，口味众多，产品深受广大消费者喜欢。

种质名称：铃铛壳

采集地：临沂市兰陵县兰陵镇孙楼村

特征特性：株高40～80厘米，假二杈分枝，叶互生；果实小，皮薄光滑、个头匀称，一般长4～6厘米，宽4～6厘米，外形像铃铛，未成熟时绿色，成熟后红色、橙色或紫红色；食之爽口、微辣，辣中带着香味。

　　开发利用状况：地方品种。从明朝开始一直种植到现在，是兰陵县孙楼村的特产，深受兰陵当地人民的欢迎。目前，孙楼村成立了铃铛壳辣椒种植合作社，发展辣椒种植1 000亩左右，通过绿色生产，科学种植管理，网络销售，让铃铛壳辣椒走上了全国百姓餐桌。

种质名称：武城辣椒

采集地：德州市武城县武城镇尚庄村

特征特性：该品种是传统三樱椒的异型株，经过选择培育而成。早熟，8月中旬即可上市。果实香辣、辣度适中，果实油亮，坐果率高，成熟期一致。抗疫病和炭疽病。

开发利用状况：地方品种。种植历史悠久，通过"公司+合作社+基地"的运营模式，在武城县种植大约有1万亩。

茄子（*Solanum melongena*）

种质名称：大红袍茄子

采集地：德州市德城区黄河涯镇前李村

特征特性：果皮紫红色，有光泽，果实椭圆形，光滑，果肉纯白，肉质细嫩，产量高，单果重750～1 000克，亩产1万～1.5万千克。成熟早，结果期长，早春小拱棚5月中旬上市，露地茄子6月上旬上市，结果期一直到霜降才结束。坐果率高，抗虫性好，耐热、耐寒性强，耐储存。

开发利用状况：地方品种。种植地域辐射到河北省景县等地，常年种植面积万亩以上。适宜和西瓜、甘蓝等作物套种，平均每亩收益1万元以上。

种质名称：白茄子

采集地：聊城市茌平区韩屯镇玉皇庙村

特征特性：植株生长势强，株高约1米；瓜葫芦形，长约30厘米，头尾均匀，果皮白色，着色均匀，光泽度好，萼片绿色，果肉白色、紧实，具有产量高、品质优、耐盐碱、抗旱、易管理、适应性强等特点。

开发利用状况：农家品种。农户自家种植，面积10亩左右，种植效益好，比普通茄子价格高出两倍。

种质名称：大红袍

采集地：滨州市惠民县姜楼镇后梁村

特征特性：果实近圆形，果皮深紫色，有光泽，产量高，单个茄子可达2千克以上，一般在1千克左右收获。口感好，皮薄、肉质细、坚实，不松软，菜汤青色。

开发利用状况：地方品种。在村民菜园中发现，已种植50年左右。

种质名称：齐东紫茄

采集地：滨州市邹平市九户镇刘寨村

特征特性：中早熟品种，果实生长快，一般定植后45天左右开始采收。耐寒性较强，改用地沟或小拱棚栽培可提前15天上市。果实近圆形，果皮深紫色，有光泽，果肉洁白致密，果径10厘米左右，单果重600克以上。

开发利用状况：地方品种。种植面积不大，但因口感好，农户常年自留种种植。

种质名称：牤牛蛋

采集地：菏泽市东明县小井镇小井村

特征特性：果实表皮为黑紫色，头部微白，扁椭圆形，一般果重500克左右，产量高，亩产量可达3 500千克。坐果紧凑，坐果期长，嫩茄能生吃，味微甘甜，与其他茄子相比口味纯正。抗脐腐病。

开发利用状况：地方品种。在东明县小井镇、马头镇、刘楼镇一带多有种植。

番茄
（*Lycopersicon esculentum*）

种质名称：72-69番茄

采集地：青岛市城阳区夏庄街道东张家庄社区

特征特性：有限生长类型，果实扁圆形、青肩红身、质厚、味甘、酸度适中，是适宜生食的品种之一，中熟即可生食。可溶性固形物含量4.5%～5%，单果重140克左右，平均亩产4 000千克左右。

开发利用状况：地方品种。1972年由青岛市农业科学院培育的一个常规品种，在城阳区夏庄街道试种成功。目前，种植面积约1 000亩，是带动一方产业发展的重要农产品。

黄秋葵（*Abelmoschus esculentus*）

种质名称：秋葵

采集地：东营市河口区六合街道东崔村

特征特性：株高50厘米左右，果实为蒴果，长棱形，长约10厘米；果皮色泽深绿，种子圆粒形，种皮灰绿色，胚部灰白色。在低度盐碱地上可以正常生长，富含锌、硒等微量元素。主要食其果实，做菜，口感清凉，爽口，适口性好。

开发利用状况：农家品种。在当地已种植了22年，农户在自家菜园种植，自产自用或偶到集市去卖。

豇豆（*Vigna unguiculata*）

种质名称： 八月忙地豆角

采集地： 济南市济阳区仁风镇大里村

特征特性： 荚果下垂，肉质厚而膨胀，种子多粒、圆形，暗红色。抗青虫、抗锈病，适合各类土质。嫩豆荚可炒食，口感好，成熟种子多用于熬粥。一般5月中旬播种，8月中旬收获。

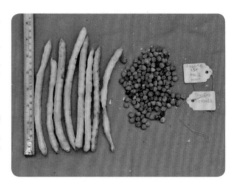

开发利用状况： 地方品种。20世纪70—80年代在农村庭院、房前屋后均有种植。现在随着新农村建设、合村并点，很少有种植。

种质名称： 野鹊嘴（喜鹊嘴）

采集地： 青岛市胶州市九龙镇东宋家茔村

特征特性： 因种子一端头部有一点白，农民称为"野鹊嘴""喜鹊嘴"。早熟，春播60天采收，夏、秋播40天可收获，栽培可搭架也可不搭架；荚果白绿色，长约60厘米，粗1厘米，果条秀丽，嫩豆荚皮薄，肉质肥厚、纤维少，不易老，适宜炒食；产量高，一般亩产2 500千克左右，既耐低温也耐高温。

开发利用状况： 农家品种。有50多年的种植历史，在20世纪60—70年代种植的比较多。农民以自留种为主，多在田间地头零星种植，是夏、秋季节的主要蔬菜之一。

种质名称：早熟红山豆角

采集地：淄博市沂源县石桥镇小东峪村

特征特性：成熟后的豆荚淡紫色，豆荚褶皱不光滑，种子浅褐色、淡粉色，种脐白色。富含蛋白质、胡萝卜素等营养物质，营养价值高；耐瘠薄，较耐旱。

开发利用状况：农家品种。种植历史悠久，主要种植于梯田堰边，种植面积6 000亩以上，市场销售好，经济效益高，是当地名优蔬菜品种。豆荚稍老时，炖煮食用，口感极好，种子可做稀饭，软烂面甜；还可制成豆沙，做成豆沙包等。

种质名称：黑粒青豆角

采集地：淄博市沂源县悦庄镇桃花峪村

特征特性：成熟后，豆荚呈绿色，种子黑色，籽粒味甘。耐干旱，耐贫瘠，抗蚜虫。

开发利用状况：农家品种。种植历史100年以上，主要在梯田堰边与田间隙地种植，种植面积2 000亩以上，经济效益较好，是当地群众喜欢的营养丰富的特色蔬菜。在豆荚稍老时，炖煮食用，口感极好。种子可做稀饭，还可制作成豆沙包等主食，老少皆宜。

种质名称：长豆角

采集地：济宁市泗水县苗馆镇小王村

特征特性：茎蔓生缠绕，蔓长5米，三出复叶互生。叶片基部阔楔形，顶端渐尖锐。总状花序腋生，花白色。豆荚细长达50~70厘米，顶端厚而钝，直立下垂，成熟时为绿色；耐老化，纤维少，肉质肥厚，炒时脆嫩，口感好。种子肾形，白色，亩产鲜豆角2 000~3 000千克。

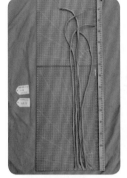

开发利用状况：地方品种。种植历史比较久远，近年来，泗水县长豆角已得到有效的开发利用，由泗水县优质农产品协会组织农业生产专业合作社规模化种植销售，年种植面积稳定在1万亩左右。

种质名称：地豆角

采集地：济宁市邹城市看庄镇东后圪村

特征特性：爬蔓型，无支架，嫩荚红色较短，颜色鲜艳，结荚集中，成熟荚果下垂，种子棕色肾形，亩产鲜豆角1 000千克左右；嫩豆荚和豆粒味道鲜美，营养丰富，为豆角中的佼佼者；对生长环境适应强，品质好。耐旱、耐高温、耐瘠薄，抗病毒病。

开发利用状况：地方品种。有很多年的种植历史，一般分布在邹平市东部和邹平市南部山区丘陵地带，农民在田边、沟渠路旁、荒山荒坡等地零星种植。嫩豆荚可炒、炖、拌、做馅、干制，豆角种子煮熟后口感绵软，掺入米中做豆饭、煮汤、煮粥或磨粉用，味道佳，产品深受消费者青睐，在市场上比较畅销。

种质名称： 九月红紫豆角

采集地： 泰安市东平县彭集街道南城子村

特征特性： 因豆角紫色，9月是盛荚期，故当地称"九月红紫豆角"。植株蔓生，单株分枝约1.5个，生长势较强，不易早衰。6—7月种植，播种至始收50天左右，花后9~12天采收，能结豆荚到10月。豆荚长20~50厘米，结角多，肉厚，纤维少，炒食口感软绵，老少皆宜。

开发利用状况： 农家品种。多为农户自留种，在地头、地沿或一些庭院小菜园种植。种植方式多样化，可支架栽培或匍匐式生长，也可与西瓜间作种植。此品种营养价值较高，较其他品种价格每千克高出1元以上。

种质名称： 红豆角

采集地： 日照市莒县峤山镇周家坪村

特征特性： 4月中下旬播种，6月上旬开始采收，采收期长，一般可采收到9月底，最晚到10月中旬。外皮紫红色，荚果分散下垂，直立，两端绿色，肉质坚实，外表光滑无毛，口感好。种子椭圆形，成熟后棕黄色，亩产量可达3 500~4 000千克；抗旱、抗病能力极强。

开发利用状况： 地方品种。有100余年种植历史，百姓多数是自己留种，在地边零星种植，是夏、秋季餐桌上的主要蔬菜之一。全县种植面积约500余亩，市场价5~8元/千克，每亩收益1.75万~3.2万元。

种质名称：八月忙豆角

采集地：滨州市惠民县姜楼镇前张村

特征特性：豆角长20厘米左右，颜色深绿色，肉厚，单荚粒数9粒左右，单株荚数60～80个，种子为红色，肾形；豆角整条较硬，水煮后不面，味鲜，可支架栽培，也可匍匐生长，成熟期一般为阴历七八月，不易变老。

开发利用状况：农家品种。目前惠民县境内没有发现大规模种植情况，村民种植在自家门外，收获后自用。

饭豆（*Vigna umbellata*）

种质名称：花爬豆

采集地：济南市济阳区仁风镇大里村

特征特性：蔓生类菜豆，分批采收，结荚多，豆粒小，粒色不同于常规爬豆，颜色浅。豆粒皮薄，易煮烂，口感甜糯沙软，煮粥做馅均可。

开发利用状况：农家品种。农户种植10年以上，嫩豆荚可炒食，成熟种子多用于熬粥。近年来的种植面积很小，大多自己食用，很少出售。

种质名称：爬豆

采集地：济南市济阳区仁风镇大里村

特征特性：花鲜黄色，每一花梗上着生5~20朵花，结荚多，豆荚圆柱形，略肿胀，豆粒红色。嫩豆荚可炒食，成熟种子多用于熬粥。

开发利用状况：地方品种。农户种植10年以上，近年来的种植面积很小，大多自己食用，很少出售。

种质名称：挤爬豆

采集地：滨州市滨城区秦皇台乡小赵家村

特征特性：半蔓生，总状花序，花鲜黄色，每一花梗上着生5~6朵花，结荚多，每荚有种子14~20粒，豆角成熟时荚不易开裂，可集中采收。豆粒水煮后易烂，口感面软；耐盐碱，抗旱，耐贫瘠，适宜盐碱地种植。

开发利用状况：地方品种。村民在田间地头种植或与玉米等作物间作套种，收获后自用。

扁豆（*Lablab purpureus*）

种质名称：紫扁豆

采集地：淄博市高青县木李镇牛家村

特征特性：豆荚紫红色、色彩鲜艳、窄长肉厚，淡紫色花，成熟后的种子呈黑褐色，种脐白色。晚熟，耐热、耐寒、耐旱，采收期100天以上，产量较高。

开发利用状况：地方品种。当地群众喜欢种植于房前屋后、庭院或空闲荒地等，开花结荚时，满眼紫荚绿叶，赏心悦目，因其鲜艳的色彩，还常被大厨用作厨艺配菜，煮熟后豆子软绵、口味好，很受欢迎。

种质名称：绿扁豆

采集地：淄博市桓台县唐山镇黄家村

特征特性：紫色花，豆荚比普通扁豆长1厘米左右，豆荚肥厚。晚熟晚收，中秋节后开始坐果，10月大量采收；耐寒性好，降霜后停止生长趋衰，结果多、大且整齐，豆粒富含淀粉、蛋白质，口感好。

开发利用状况：农家品种。种植人祖辈传承种植，有近100年种植历史。

种质名称：老式猫耳朵扁豆

采集地：东营市利津县汀罗镇牛家村

特征特性：新鲜时豆荚紫红色，长约10厘米，失水后，豆荚黄白色；豆子椭圆形，种皮深红色，豆脐处白色。耐盐碱、抗旱、耐寒，亩产量150千克左右。当地农户主要用其豆角做菜，与其他菜搭配，口感好，深受大家的喜爱。

开发利用状况：农家品种。村民从青岛市黄岛区的亲戚家引种而来，在当地的种植历史已有20年。主要种植于农户自家的菜园中，基本是自产自用，有多余的会拿到集市去卖。

种质名称：太平眉豆

采集地：济宁市邹城市太平镇马楼村

特征特性：植株蔓生，蔓长4~6米，长势旺，开花结果期长，结荚期可至下霜，结荚多，亩产量600~800千克；荚果青色扁平，长圆状镰形，稍向背弯曲，食用品质好、口感佳；种子扁平，长椭圆形，紫黑色，种脐线形。对生长环境适应强，耐旱、耐阴、耐高温、耐瘠薄，抗灰霉病、炭疽病，较抗蚜虫和红蜘蛛。

开发利用状况：地方品种。种植历史悠久，种植区域广泛，在邹城市广大农村的房前屋后，以庭院墙壁或篱笆、搭架等方式零星种植，没有形成规模化。嫩荚和嫩豆作蔬菜食用，种子作各类粥的原料，新鲜叶和豆秸晒干作饲料等。

菜豆（*Phaseolus vulgaris*）

种质名称：八月忙

采集地：东营市广饶县乐安街道

特征特性：菜豆在每年的阴历八月大量成熟上市，俗称"八月忙"。植株生长旺盛，豆荚长约45厘米，深绿色，豆子肾形，种皮深紫色，种脐为白色，耐盐碱、抗旱，亩产1 000千克左右。当地农户多食其豆角做菜，用其豆子熬制稀饭。

开发利用状况：农家品种。村民的父辈传下来的种子，种植历史已经超过25年。农户自种自用或采集豆角出售。

种质名称：架芸豆

采集地：济宁市汶上县南站镇李街村

特征特性：缠绕草本，三出复叶，小叶片卵状菱形；总状花序，花冠红色；开花、结荚及收获时间长，产量较高，一般亩产2 000千克左右；种子肾形，黑色，种脐白色。荚果带形稍弯曲，绿色，纤维少、耐老化，保鲜时间长，色泽鲜绿、肉质肥厚，营养丰富，鲜嫩可口；具有抗叶斑病、锈病、灰霉病，抗蚜虫等特点。

开发利用状况：地方品种。栽培历史较久远，由于架芸豆既可鲜食，也可供煮食、炒食、凉拌，还可以进行干制、速冻等加工，是一种用途广泛的优质蔬菜。在汶上县及周边的任城区、梁山县、兖州区等种植面积每年稳定在2万亩以上。

种质名称：一点白芸豆

采集地：泰安市宁阳县伏山镇马家庙村

特征特性：因种子一头生有白点，百姓俗称"一点白芸豆"。生育期长，结荚期3个月左右，连续结荚能力强，不歇茬；果实无筋无丝，口感嫩，长度20厘米左右；产量高，亩产3 500～4 000千克；耐低温。

开发利用状况：地方品种。1983年前，伏山镇大面积发展蔬菜产业，引进种植特嫩5号，经多年种植驯化选择而来。现种植面积2 000亩，是伏山镇蔬菜种植销售主要蔬菜品种。伏山镇马家庙村建有一点白芸豆育苗场、设施栽培大棚、蔬菜批发市场，一点白芸豆常年外销，形成种子、育苗、种植、销售完整产业链条。

菠菜（*Spinacia oleracea*）

种质名称：赖菜

采集地：济南市长清区孝里镇后楚村

特征特性：外形似菠菜，植株簇生，长柄叶10～15片，叶柄长约50厘米，株高约70厘米，上部叶片长椭圆形，伞状分开，叶尖下垂。叶片大，可以像韭菜一样连续收割5～6茬，亩产4吨左右，高产5吨以上。叶柄和叶片开水炒烫后可炒菜或做馅儿，口感好。高产、广适、耐寒、耐贫瘠。

开发利用状况：农家品种。在本地种植70年以上，均为农户自家留种。

种质名称：平度洪兰菠菜

采集地：青岛市平度市南村镇洪兰村

特征特性：色泽亮丽、饱满、茎短、肉厚。叶片先端钝尖，基部戟形，叶大、肉厚、质嫩，叶色深绿鲜亮，叶柄短，根紫红，纤维少，味稍甜。

开发利用状况：地方品种。种植始于清朝康熙年间，距今已有300多年的栽培历史。自古以来就有"洪兰菠菜甲天下，此地女儿不愁嫁；只要会种大菠菜，受苦挨饿都不怕"的说法。洪兰当地有吃菠菜拌凉粉的习俗，除大田里规模化种植菠菜外，家家户户都有在房前屋后、村头小面积种植菠菜的习惯，从秋末到春初处处绿油油的菠菜呈现了一种别样美好的景象。

种质名称：昌邑薹菠菜

采集地：潍坊市昌邑市围子街道孟家村

特征特性：抽薹菠菜抗霜霉病、白叶斑病能力强，是当地早春应季特色蔬菜品种。食用部位为菠菜薹，香脆可口，人人喜爱。

开发利用状况：地方品种。昌邑市特有的资源，种植历史30多年，目前种植面积很小。

香菜（*Coriandrum sativum*）

种质名称：竹竿绿芫荽

采集地：青岛市莱西市店埠镇东南阁村

特征特性：大叶品种，茎叶翠绿，适应性强，较耐低温，抗叶枯病；口味清脆，香味浓郁，既可用于调味，又可炒食，也可加工脱水蔬菜。单株茎数可达40条，茎高达65厘米，单株重300~600克，亩产量3 500~4 000千克。

开发利用状况：地方品种。栽培历史悠久，店埠镇全境皆有种植，大沽河沿岸沙壤土地区种植面积最大，约0.8万亩，年产值3 000万元。

种质名称：小叶香菜

采集地：滨州市博兴县城东街道鲍庄村

特征特性：形状似芹，同大叶香菜比植株较矮，叶片小，茎纤细，含有芫荽油，辛温香窜，味郁香，味道较大叶香菜浓郁，耐寒、适应性强。

开发利用状况：农家品种，博兴县内多为农户小面积种植。

芝麻菜（*Eruca vesicaria*）

种质名称：小叶臭菜

采集地：滨州市博兴县城东街道鲍庄村

特征特性：食用其嫩苗，叶片纤维少，茎叶鲜嫩多汁，色泽悦目，清香味美。

开发利用状况：地方品种。在博兴县素有食用臭菜的习惯，目前县内有不少农户种植，种植面积大约有1 000亩。

茴香
（*Foeniculum vulgare*）

种质名称：大扁秸茴香

采集地：淄博市高青县木李镇三圣村

特征特性：茎直立，圆柱形，高0.5～1.5米；味浓、香气强烈，耐割茬、抽薹晚，一年可割6茬，比其他品种多割1～2茬。适应性强，对土壤要求不严，抗旱、耐瘠薄、耐盐碱。

开发利用状况：地方品种。在全县各镇均有种植，常年种植面积1 000亩左右。相对集中种植区域分布在花沟镇北部、木李镇西北部、芦湖街道东部。该资源以村民自留种为主，成熟后的茴香种子是当地人喜欢的烹饪佐料。

种质名称： 大扁芥茴香

采集地： 德州市庆云县东辛店镇王铁匠村

特征特性： 香气强烈、纤维细、口感好。产量较高，最高可达5 000千克。

开发利用状况： 地方品种。主要种植在东辛店镇王铁匠村，种植面积大约80亩。嫩叶可作蔬菜食用或作调味用，脆嫩鲜美。

种质名称：多刀茴香

采集地：德州市陵城区神头镇霍家村

特征特性：茴香苗脆嫩鲜美，果实可入药；抗干旱，耐盐碱，适应性强。

开发利用状况：地方品种。在神头镇霍家村已经有上百年的种植历史，目前种植面积在5亩左右。

大白菜
（*Brassica rapa* var. *glabra*）

种质名称：城阳青大白菜

采集地：青岛市城阳区夏庄街道黑龙江中路

特征特性：耐储存，不易脱帮，地埋1米深储存，春天也不易抽薹，第二年3月仍保其鲜味，抗病毒病，青帮，叠包，高产，亩产4 000～5 000千克。

开发利用状况：地方品种。"城阳青"是中国白菜名种，有上百年的种植历史。城阳区蔬菜种植区域均有种植。另外，在江苏省、安徽省、浙江省、湖南省、湖北省等也有种植。

种质名称：胶州大白菜

采集地：青岛市胶州市三里河街道

特征特性：俗称"胶白""胶菜"叶球呈短筒形，球顶圆，外叶青翠，芯叶嫩白，净菜在5千克左右，净菜率高，帮嫩薄，汁乳白，生食清脆可口，淡而有味，熟食风味甘美，老少皆宜。

开发利用状况：地方品种。有1 000多年的种植历史，远在唐代即享有盛誉，后传入日本、朝鲜，被尊为"唐菜"。在全国各地均有种植，已经在30多个大中城市设立"胶州大白菜"销售商，年种植面积约4 000公顷，年产大白菜约30万吨，年产值达14.6亿元，远销到美国、日本、韩国、欧盟及东南亚等国家和地区。

种质名称：滕州大黄心

采集地：枣庄市滕州市龙阳镇曾楼村

特征特性：又称滕州黄心白菜、滕州黄。叶片光泽鲜亮、宽大有皱，叶柄薄、白色、甜脆，多重菜叶紧紧包裹成圆柱体，由于被包在里面的菜叶见不到阳光呈现淡黄色，最终形成外叶嫩绿、内叶鲜黄的特点，炖煮之后味美鲜嫩，拥有自己独特的产品特征。

开发利用状况：地方品种。经过当地长期自然选择和改良，最终选留下来的滕州市独有的大白菜品种。栽培历史悠久，常年种植3 000亩左右，种植区域主要分布在大坞镇、龙阳镇、东郭镇等乡镇。滕州大黄心深受市场欢迎，畅销国内外。

种质名称：德州小香把白菜

采集地：德州市德城区黄河涯镇许庄村

特征特性：早熟，生育期55～60天成熟，耐贫瘠，适应性广，单株重4～5千克，植株细长，可食性纤维多，炖煮口感好，口味佳，耐运输、耐储存。

开发利用状况：地方品种。品质优良，在当地种植历史较长，但由于产量低，目前只在零星地块种植。

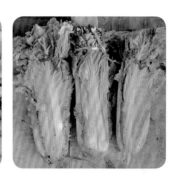

韭菜（*Allium tuberosum*）

种质名称：灵山韭菜

采集地：青岛市即墨区灵山街道李前庄村

特征特性：株高45～55厘米，叶色翠绿，叶宽中等，叶鞘圆柱形、浅紫色，叶片宽大肥厚，叶半披展，叶背有较明显的棱角，韭菜叶横断面呈钝三角形，辛辣味浓、鲜美可口。营养价值极高，富含蛋白质、脂肪、碳水化合物、粗纤维、钙等营养元素。

开发利用状况：地方品种。已有100多年的种植历史，近年来，灵山街道探索实践"示范园+合作社+农户"的模式发展韭菜产业，种植面积达到1 000多亩，成为当地经济持续发展的重要增长点之一，已辐射带动李前庄村周边多个村庄，成为当地农民增收的主导产业。

种质名称：山后韭菜

采集地：青岛市莱西市沽河街道董家山后村

特征特性：属宽叶型品种，叶片翠绿、宽厚柔嫩，叶鞘白色粗长，清甜可口纤维少、辛辣味较轻，富含维生素A和维生素C。抗灰霉病和锈病，耐寒、耐运输。一年收获3~5茬，每茬亩产可达1 200千克。

开发利用状况：农家品种。主产区位于莱西市沽河街道与店埠镇交界一带，种植面积有20多公顷，年产值达400万元。

种质名称：四色韭黄

采集地：淄博市桓台县荆家镇东孙村

特征特性：叶尖紫色，其下分段呈绿色、黄色和白色，色泽艳丽，非常美观。由于生产过程复杂，环境条件独特，植株生长缓慢，干物质积累多，水分含量少；具有纤维少、香味浓、口味佳等特点，生食清香扑鼻，熟食味美爽口。

开发利用状况：地方品种。据《新修桓台县志》记载，四色韭黄已有150多年的历史，主要分布于东孙村、伊家村、里仁村等，栽培面积不足100亩。

种质名称：高密市大金钩韭菜

采集地：潍坊市高密市夏庄镇益民村

特征特性：因叶片长到一定程度先端向一侧弯曲反卷成"钩"状而得名。植株粗壮，叶片宽大肥厚，嫩滑，甜香，纤维少，香气浓郁。

开发利用状况：地方品种。高密市知名民间蔬菜品种，栽培区域沿胶河条带分布，常年种植面积4 600余亩，因其优良品质备受市场推崇。

种质名称：纪家东庄韭菜

采集地：潍坊市寒亭区寒亭街道纪家东庄村

特征特性：植株长势较强，叶片宽大、肥厚，口感甜香，纤维较少，气味特殊浓烈，挥发性精油及硫化物含量高；抗病，优质，产量最高可达10 000千克/亩。

开发利用状况：地方品种。在纪家东庄村已有30多年的种植历史，目前种植面积200多亩，年产值200多万元。

种质名称：寿光独根红韭菜

采集地：潍坊市寿光市化龙镇贾家村

特征特性：植株高大，长势强，假茎粗壮，每年2月假茎基部会呈现紫红色，叶色浓绿，叶片宽厚，叶宽1.0～1.4厘米，伸直长度40～69厘米，株高最高可达95厘米，单株重40～80克。6月上旬至7月下旬抽薹，薹高而粗，深绿色，中间无空腔，汁多脆嫩，香味浓，品质极优。抗寒性、抗逆性强，芳香性物质含量高。亩产韭菜4 000～5 000千克、韭黄3 000千克、韭薹1 500千克左右。

开发利用状况：地方品种。早在1 000多年前的《齐民要术》中就有记载，据清康熙三十七年编修的《寿光县志》记载：寿光县"诸蔬中唯韭为绝品""春初早韭……寒腊冰雪便已登盘，甘脆鲜碧，远压粱肉"，当时的寿光韭菜因上市早，质量好而闻名。目前，种植面积约300亩，年产值约1 200万元，种植区域分布在文家村、稻田村、贾家村。

叶用芥菜（*Brassica juncea*）

种质名称：芥菜

采集地：东营市广饶县陈官镇坡南村

特征特性：生长茂盛，种子小，圆形，金黄色，叶片较大，含水量较高。亩产400多千克。能在当地盐碱地上正常生长、耐寒。味道鲜美，适口性较好，深受当地农户的喜爱。

开发利用状况：农家品种。农户种植了20年，自产自用，主要食其叶部，用于炒菜或者清煮凉拌。

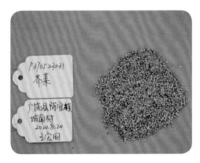

苦荬菜（*Ixeris polycephala*）

种质名称：马踏湖野生苦荬菜

采集地：淄博市桓台县起凤镇华沟村

特征特性：根垂直直伸，生多数须根，茎直立，株高大大超过陆地品种，最高可达1米以上，茎叶脆嫩，便于食用。上部伞房花序状分枝，分枝弯曲斜升，全部茎枝无毛。适应性广，各种土质均能种植。

开发利用状况：野生资源。马踏湖特有，生长于湖边芦苇丛中，村民春季采挖嫩芽作为野菜食用。

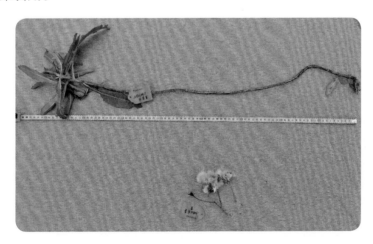

长梗韭
（*Allium neriniflorum*）

种质名称：长梗韭

采集地：烟台市长岛综合试验区黑山乡南庄村

特征特性：多年生草本植物。嫩叶可食，口感特异，无葱蒜味，可炒、炖、做汤及蒸包子。花序可腌制韭花酱，风味优于韭菜花。具有抗寒、抗旱、耐贫瘠特性。

开发利用状况：野生资源。食用历史悠久，过去只当充饥用，后来由于风味特异，深受群众及游客喜爱，每千克价格高达200多元。近些年，民间开始移栽扩种，零星种植。

麦瓶草（*Silene conoidea*）

种质名称：面条菜

采集地：济宁市任城区柳行街道许厂村

特征特性：株高25～60厘米。叶色绿，细长肉厚。食用部位为肥嫩的叶片和幼茎，早春采食，味甜鲜美，风味佳，营养丰富，富含维生素、氨基酸和人体所需的多种矿物质。适应性极强，耐寒、抗病、抗虫。

开发利用状况：野生资源。别名羊蹄棵、灯笼草、灯笼泡等，具有较高的研究、开发与利用价值。一般喜欢长在麦田、田间地头，初春发芽，农民采集面条菜肥嫩的叶片和幼茎自己食用或拿到市场上出售，也可以采集整株晒干入药。

蕹菜（*Ipomoea aquatica*）

种质名称：全庄蕹菜

采集地：济宁市泗水县金庄镇白庙村

特征特性：蔓生，蔓长5~10米。茎圆柱形，有节，节间中空，节上生根。枝叶繁茂，叶色深绿肥厚，食嫩叶，口感佳。具有耐炎热、优质、抗病、抗虫的特点。

开发利用状况：地方品种。当地特有资源，除食用外，还可药用，也是一种比较好的饲料。目前，主要是庭院栽培，零星种植，没有形成种植规模。

落葵（*Basella alba*）

种质名称：木耳菜

采集地：济宁市鱼台县王鲁镇王响村

特征特性：一年生缠绕草本。茎高1.5～2米，无毛，肉质，绿色。叶片卵形，顶端渐尖，基部微心形。穗状花序腋生，花白色，果实球形，黑色。花期5—9月，果期7—10月。幼苗、嫩梢或嫩叶可食，质地柔嫩软滑，营养价值高，富含多种维生素和钙、铁。具有优质、耐盐碱、耐贫瘠、耐热等特点。

开发利用状况：农家品种。主要在农村家庭院内、房前屋后、菜园、田间地头等地方栽培种植。全草供药用，果汁可作无害的食品着色剂，农民将种植采集的木耳菜食用或市场出售。

长蕊石头花（*Gypsophila oldhamiana*）

种质名称：长蕊石头花

采集地：威海市环翠区张村镇姜家疃村

特征特性：叶片对生，近革质，稍厚，长圆形，长4～8厘米，宽5～15毫米。伞房状聚伞花序较密集，顶生或腋生，无毛；花瓣白色或粉红色；雄蕊长于花瓣；子房倒卵球形，花柱长线形，伸出。蒴果卵球形，稍长于宿存萼，顶端4裂。花期6—9月，果期8—10月。嫩茎叶焯水后，可做馅、汤。

开发利用状况：野生资源。本地特色野菜，有较大面积栽培食用，经济价值较高，可在其他地区推广种植。

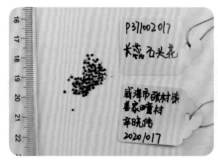

紫苏（*Perilla frutescens*）

种质名称：紫苏

采集地：泰安市泰山区省庄镇小津口村

特征特性：抗旱，结籽量大，香气浓郁。株高0.3～2米，茎绿色，成熟后多为紫色；叶片阔卵形，边缘有粗锯齿，上面绿色下面紫色；小坚果为球形，灰褐色，上面有网状纹路。

开发利用状况：农家品种。在泰安市山区、平原地区多为农户自留种零星种植，嫩叶可生食或做汤。

芹菜（*Apium graveolens*）

种质名称：莱芜芹菜

采集地：济南市莱芜区高庄街道沙王庄村

特征特性：株高55～80厘米，股数6～15股，具有生长势强、产量高、梗实、耐储存、抗病性强、抗倒伏、韧性强等特点。7月中旬播种，9月中旬移栽，生长后期经过-2～6℃低温锻炼60天以上，分化出新嫩芽（芹菜芽），芹菜芽株高在40～60厘米，股数2～4股，叶小，粗纤维含量低，实心无筋，断而无丝，食而无渣。适宜生吃，凉拌口感嫩、脆、香、甜，味道鲜美。

开发利用状况：地方品种。种植历史可追溯到明朝，目前，种植面积6 000亩左右。芹菜生食热炒均可，热炒口味清香，具有特殊的芳香气味，回味无穷。高庄芹菜不同于其他芹菜，以出售芹菜芽为主，春节前后上市，经济效益高，是当地有名的特色名贵蔬菜。芹菜的果实细小，具有与植株相似的香味，可作为汤和腌菜的调料。

种质名称：章丘鲍芹

采集地：济南市章丘区刁镇鲍家村

特征特性：植株高大，根系发达，色泽翠绿，茎柄充实肥嫩，芹芯可生食，芹香浓郁，青翠碧绿，入口微甜，嚼后无渣。10月底收获，亩产达5 000千克。

开发利用状况：地方品种。有几百年的种植历史。章丘当地种植芹菜的特别多，而只有鲍家村的芹菜其独特的口感是其他芹菜所无法相比的，当地老百姓只认鲍家村种植的芹菜，被称为鲍家芹菜，又称鲍芹。据统计，2021年章丘鲍芹的种植面积超过5 000亩，其中鲍家村的芹菜种植面积达2 500亩。

种质名称：赵村实梗芹菜

采集地：青岛市城阳区城阳街道周村

特征特性：株高80厘米，实心，质细，纤维少，嫩脆味鲜，高产耐寒，每亩可达7 500千克左右。

开发利用状况：地方品种。1956年赵村作为流亭唯一的蔬菜高收社成立，赵村人民利用天时地利之优势，努力发展蔬菜生产，在提高产量、增加品种的同时，注重科学种菜。根据当地特点，精心筛选育种，形成了赵村实梗芹菜，享誉岛城，形成品牌。

种质名称：金口芹菜

采集地：青岛市即墨区金口镇东渠村

特征特性：株高50～80厘米，幼似翡翠，成如玉树，鲜梗容易折断，因此，金口芹菜有"清爽四溢，沁人心脾"之说。叶柄深绿，株型紧凑，实心筋少，郁香清脆。亩产4 000千克左右，营养丰富，富含酸性的降压成分。

开发利用状况：地方品种。于明朝正德年间开始种植，距今已近500年，为传统的区域性自选自留品种。目前，在金口镇已有8 000余亩的生产基地，主要在海堤村、东渠村、芦家庄村、庙东三村等村庄种植，亩产值15 000元，产品销售于全国各地，在当地脱贫致富和经济发展中起着重要作用。

种质名称：平度马家沟芹菜

采集地：青岛市平度市李园街道马家沟芹菜基地

特征特性：叶梗嫩黄、空心棵大、鲜嫩酥脆、味道鲜美、营养丰富，粗纤维含量低，蛋白质、氨基酸、微量元素钾等含量高。耐储存，土法半地下式窖藏可保存至第二年3月上旬，储藏后的芹菜品质更佳。

开发利用状况：地方品种。青岛著名特色农产品之一，已有千年栽培历史。目前，种植面积达6 000多亩，经几代人的种植，闻名遐迩。

种质名称：傅庄芹菜

采集地：青岛市莱西市日庄镇傅庄村

特征特性：空心芹菜品种，耐密植、耐涝，最大茎高可达70厘米，突出特点口感清脆、纤维少、甜嫩多汁、耐储运。茎叶富含维生素，含有大量的膳食纤维。一年能收4茬，每茬亩产量5 000千克以上。

开发利用状况：地方品种。栽培历史悠久，经傅庄村村民对品种的提纯复壮和种植技术的改进，傅庄芹菜从一年一茬发展到现在一年4茬，总产不断刷新纪录，每年从傅庄村出产的芹菜可超400万千克，每亩年收入2万～3万元。

种质名称：桓台实秆芹菜

采集地：淄博市桓台县荆家镇姬桥村

特征特性：植株高大，叶浓绿，叶柄、茎实心绿色；7～8条小棱，内侧顺生瓦状浅沟，抽薹晚。适合热炒、沏拌、做馅，可四季种植，周年供应。耐储运、产量高、纤维少、清香而适口。

开发利用状况：地方品种。种植历史悠久，1904年由荆家镇人孙保庶种植流传至今。系多年优中选优，采用老根留种的方法逐年提纯复壮而成。年栽培面积5 000亩以上，产品销往全省，还远销北京、天津及东北各地，并被省内外引种。

种质名称：城头芹菜

采集地：潍坊市临朐县柳山镇城头村

特征特性：茎为实秆，有黄秆和青秆之分，株高80～90厘米，单株重1千克左右。黄秆颜色嫩黄、清脆，收获后即可上市；青秆颜色浓绿，窖藏糖化后春节前出售更佳。凉拌、热炒均可，具有清脆甜美、无丝多汁、食后口齿留香的独特风味。

开发利用状况：地方品种。城头村因该村地处东汉朱虚县城遗址而名，故城头芹菜也叫"朱虚城芹菜"，栽培历史悠久，至今已近2 000年的栽培历史。柳山镇现种植城头芹菜10 000亩，涉及16个行政村，年收入2.6亿元。

种质名称：桂河芹菜

采集地：潍坊市寿光市稻田镇桂河一村

特征特性：因种植于桂河两岸而得名。叶色浓绿有光泽，茎高而细，成菜高约90厘米，味香浓郁，实心无筋，芹菜心色泽嫩黄。与普通芹菜不同，桂河芹菜需要窖藏，是自然农业种植和百年窖藏工艺的完美结合。窖藏后口感更加细腻清脆，并伴有特殊香味，入口无渣，口感清香；凉拌、热炒均宜。抗病、丰产，品质好，耐储存。

开发利用状况：地方品种。种植历史悠久，早在北魏贾思勰所著《齐民要术》一书中就有所记载。目前种植面积约1万亩，年产值上亿元。种植区域以稻田镇桂河村为主。

种质名称：新泰实芹

采集地：泰安市新泰市汶南镇韩家庄村

特征特性：株型直立、紧凑，株高为80～90厘米，叶片7～8片、鲜绿色，叶柄深绿色，茎秆黄绿色，棱线明显，单株重130～200克，一年四季均可种植，一般亩产7 000～8 000千克。该品种纤维少，无渣无丝、清香、脆嫩、味美。

开发利用状况：地方品种。1985年从新泰空心芹中选育而来，2020年种植面积达2.1万亩，主要分布在新泰市青云街道的尹家庄村、果园村、林前村、林后村、南赵村、金马社区、丁家庄村、通济庄村、名公东村、何李村，年产16.8万吨，产品销往全国30多个省（市）。

种质名称：岚芹

采集地：日照市东港区涛雒镇东石梁头村

特征特性：当地村民又称石梁头空心芹。株高70～90厘米，单株鲜重150克左右。叶小，叶绿、茎黄，叶柄实心，质地良好，纤维极少，空心无筋；食用口感鲜嫩酥脆、味道鲜美。营养丰富，钙、铁、锌含量是普通芹菜的2～3倍，还含有丰富的胡萝卜素和多种维生素等。叶、茎中含有挥发性的甘露醇，别具芳香，能增强食欲。

开发利用状况：地方品种。在涛雒镇东石梁头村已种植了200多年，目前，种植面积1 000亩左右，年产量约130万千克，供应日照近80%的空心芹市场。东石梁头村成立了专业合作社发展芹菜种植，根据不同种植时间，接力上市供应市民餐桌，凉拌、爆炒都口味极佳，深受市民喜爱。

种质名称：黄苗石梗芹菜

采集地：日照市莒县陵阳街道孙家葛湖村

特征特性：植株生长势强，株高70厘米左右。叶宽扁、黄绿色，黄柄实心，抽薹晚。叶柄食之脆嫩可口，纤维少；叶片富含胡萝卜素、维生素B等，可生食凉拌，具有独特的清香味。该品种抗病虫性强，耐储运，产量高，亩产2 500～2 800千克。8月中下旬播种，9月下旬至10月初收获，可周年种植。

开发利用状况：地方品种。在莒县已种植40余年，主要分布在陵阳街道及周边乡镇，基本上是设施栽培。每年种植300余亩，主要销往县城及周边地市的超市、大型菜市场，是莒县老百姓餐桌上必不可少的蔬菜。近几年价格基本稳定在5元/千克左右，亩产值在1.3万～1.4万元。

种质名称：圆实梗芹菜

采集地：临沂市沂南县蒲汪镇西茶坡村

特征特性：株型高大，植株紧凑，生长势强，分枝少，植株高60～70厘米，单株重250克左右；叶深绿有光泽，茎黄色，实心无筋；芹菜味浓，含水量少；食之鲜嫩清脆，香味适口。

开发利用状况：地方品种。有160余年的种植历史，《沂南县志》《中国共产党沂南县村级组织史》等都有记载。目前，在沂南县种植总面积大约3 000亩，总产量达4万吨。

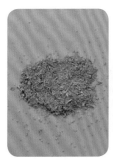  

种质名称：大叶芹

采集地：临沂市蒙阴县桃墟镇花果庄村

特征特性：植株高40～70厘米，根茎短而粗，地上茎直立单一，整个植株含有明显和浓郁的清香之气；幼苗时期，叶子非常鲜嫩，其嫩茎叶可食，翠绿鲜嫩且多汁，清香爽口，营养丰富。含有多种维生素、蛋白质及铁、钙等微量元素。

开发利用状况：地方品种。因产量低，种植面积不是很大，在蒙阴县蒙山脚下的桃墟镇、垛庄镇有零星种植，大约在200亩，主要在当地集市销售。

芋（*Colocasia esculenta*）

种质名称：白庙芋头

采集地：青岛市即墨区鳌山卫街道马家白庙村

特征特性：个大椭圆，表皮平滑，品质优良，肉质乳白细腻，面中带甜，香软黏滑，别具风味，药用价值较高。

开发利用状况：地方品种。当地知名特产，距今已有600年以上的种植历史。目前，种植面积5 000亩，亩产值12 000元，供不应求，全国各地都有订购。

种质名称：莱西香芋

采集地：青岛市莱西市开发区果佳圈村

特征特性：株高适中，较耐阴。母芋个小，子芋个大圆润，皮薄，淀粉含量高，清爽可口。每亩子芋产量2 300~3 000千克。具有较好的耐储藏性，一年四季都有货源，适合加工芋球，加工的芋球从20世纪80年代末开始，一直是出口蔬菜的拳头产品，年产值1.3亿元左右。

开发利用状况：地方品种。栽培历史悠久，在莱西市各地皆有种植，常年播种面积1 500公顷左右，以大沽河沿岸沙质土壤产区品质最佳。

种质名称：麻芋

采集地：枣庄市滕州市大坞镇耿庙村

特征特性：芋头个头均匀，体圆形，口感细嫩，软糯香甜。

开发利用状况：地方品种。在滕州市被俗称为毛芋头，作为当地的优势特色产业，栽培历史悠久，种植技术先进，主要种植区域集中分布于大坞镇、姜屯镇、滨湖镇、龙阳镇等，常年种植面积2.5万亩左右，春季利用拱棚种植毛芋头亩产超4 000千克，亩产值突破万元，是当地重要的出口创汇蔬菜。

种质名称：莱阳孤芋头

采集地：烟台市莱阳市姜疃镇姜格庄村

特征特性：母芋椭圆形粗大，表面有纤维状棕褐色鳞片，肉质根白色。叶片肥大、密集，叶面光滑；叶梗13～17个，长30～150厘米。莱阳孤芋头个大皮薄，淀粉含量70%左右，蛋白质含量2%左右。品质好，芋肉糯甜，色白新鲜。营养丰富，可当主食，又可做成菜肴。

开发利用状况：地方品种。据《莱阳县志》记载，早在康熙年间就有种植。近几年，莱阳芋头种植面积稳定在1.5万亩左右，产值6 000万元，以加工出口和鲜食为主。

种质名称：沙沟芋头

采集地：临沂市罗庄区册山街道白沙沟村

特征特性：母大块多，外形短粗肥大，茸毛长而浓密。口感细软，入口滑爽，绵甜香糯，富含淀粉。干面有口劲，吃水耐煮，再次蒸煮味道依然如初。

开发利用状况：地方品种。在清朝乾隆年间被选为宫用御品，当地流行一句歇后语，"沙沟芋头——好孩子"，是指沙沟芋头饱满，水灵，口感好，招人喜爱。目前种植规模300余亩，已形成芋头种植深加工，精选包装及电商销售。

种质名称：单县罗汉参

采集地：菏泽市单县李田楼镇前杨庄村

特征特性：缠绕茎，块根为可食用部分，卵形，大小匀称，长3~8厘米；外表土黄色，表皮光滑，形状似大肚罗汉；上有断续的环状纹理，营养丰富，硒含量30微克/千克；熟食质地晶莹，清香甘甜，口感滑润，爽口悦心。

开发利用状况：地方品种。当地独有，"单县三宝"之一，已有几百年的种植历史，早在明代崇祯元年《农政全书》中就有记载。目前种植面积已达3 000多亩，涉及6个乡镇18个行政村，使之成为单县经济作物产业支柱。

萝卜（*Raphanus sativus*）

种质名称：里外绿萝卜

采集地：青岛市莱西市店埠镇东庄头村

特征特性：长圆形，长约22厘米，条形直，皮肉翠绿，表皮较光滑，水纹少，须根和根眼少，根白部分短。口感清甜，辣味较轻，含糖量可达8%，水分足。货架期长，耐储存，不易糠心，品相优良。春、秋皆可种植，生育期60天左右，一般每亩产量4 000千克。

开发利用状况：地方品种。在莱西市中南部大沽河沿岸地区广泛种植的鲜食青萝卜品种，栽培历史悠久。目前全市年播种面积在2万亩左右，每亩收益5 000~8 000元，年产值1亿元以上。

种质名称：黄安越夏萝卜

采集地：淄博市沂源县石桥镇上黄安村

特征特性：肉质直根，长圆形，外皮绿色。特别适宜越夏种植，在无水浇条件海拔高的山地种植表现抗病（黑腐病、病毒病）、抗虫（蚜虫、菜青虫、菜螟、小菜蛾、黄曲条跳甲）、抗旱、耐热、耐贫瘠，亩产3 000千克左右，品质好。

开发利用状况：地方品种。2000年前黄安越夏萝卜在上黄安村、下黄安村种植面积1 000亩左右，是当地的特色产业，农民重要的收入来源。近年来，受外来蔬菜影响，种植收入减少，种植面积在300亩左右。

种质名称：滕州绿萝卜

采集地：枣庄市滕州市龙阳镇闫庄村

特征特性：早熟优质水果型绿萝卜，外形匀称，通身翠绿，表里如一，晶莹剔透，翠嫩欲滴，营养丰富，药食兼用，甜脆爽口，入口微辣。

开发利用状况：地方品种。在龙阳镇已有400多年的栽培历史，当地民谚有"龙阳萝卜看郜庄""张家堂苗家庄，绿萝卜装满筐"和"冬食萝卜夏吃姜，不劳医生开药方"之说，有"果蔬珍品，百姓人参"的美誉。目前，滕州绿萝卜已成为独具地方特色的名优农产品，常年种植面积稳定在1万亩左右，年产量超30 000吨，产值近1亿元。

种质名称：仉村孙萝卜

采集地：烟台市福山区门楼镇仉村孙村

特征特性：生育期80天左右。植株叶簇较平展，羽叶光亮，心叶半直立，叶脉带浅紫色，肉质根长柱形，下部稍粗，1/4入土，地上部绿皮，肉色浅绿；单株肉质根重1.5千克左右，长20～30厘米，粗6～8厘米。萝卜短而粗、白腔小，青瓤多，外皮很薄，里肉水灵，稍微在桌上一磕就成两截。吃起来清脆可口，有丝丝甜味，汁多味甘，不辣，素有"小人参"之称。抗病毒病、软腐病。

开发利用状况：地方品种。目前种植面积约500亩，总产量200万千克，直接经济效益400万元。

种质名称：潍县萝卜

采集地：潍坊市寒亭区固堤街道大常疃村

特征特性：叶丛半直立，羽状裂叶，叶色浓绿有光泽。外观呈圆柱形，约2/3露出部分皮色深绿，入土部分皮色黄白。肉质翠绿，生食脆甜、多汁、微辣。

开发利用状况：地方品种。又称"高脚青萝卜"，生长于原潍县境内，已有300多年种植历史。目前，寒亭区种植面积约5万亩，产值近9亿元。

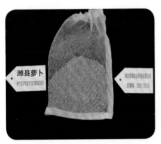  

种质名称：浮桥萝卜

采集地：潍坊市寿光市洛城街道浮桥村

特征特性：生长期65～75天，叶丛半直立，羽状裂叶，叶色浓绿有光泽。根形直立，表皮光滑鲜嫩，无侧根芽眼，肉质根长圆柱形，长25厘米左右，径粗4～5厘米，出土部分占4/5，单根重600克左右，亩产4 000～5 000千克。皮薄质脆，绿如翡翠，味甜带香，口感脆甜、多汁，辣味适中。抗病、丰产，品质好、耐储存，收获后冷库低温储藏一段时间口感更佳。

开发利用状况：地方品种。由原来青萝卜老品种经过长时间的选优和提纯复壮，选育出的适合本地水土的中缨品系。因原产于寿光市洛城街道浮桥村而得名，至今已有300多年的栽培历史。目前，全村种植面积约200亩，是该村农业经济的核心支撑点，村民收入的重要来源。

 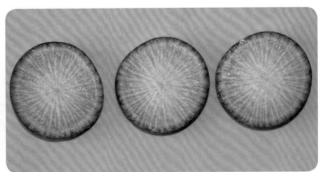

种质名称：鸡嘴红萝卜

采集地：临沂市郯城县郯城街道薛城后村

特征特性：外形嘴小、肚大、尾细，果皮鲜红，百姓戏称鸡嘴、鼠尾，通称鸡嘴红萝卜。有花叶及板叶两种类型，综合抗性好，熟期早，从播种到收获65～70天便可上市，延迟采收可达85天。生吃口感质地清脆、味甜微辣。

开发利用状况：地方品种。在郯城县几乎家家户户都有种植，种植面积约有3 000亩。吃法多样，可炖、可凉拌、可生食，本地最有特色的是萝卜拌豆、萝卜炖鸡及红烧鲅鱼萝卜。

 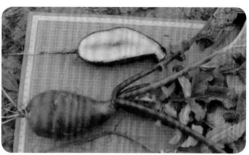

胡萝卜
（*Daucus carota* var. *sativa*）

种质名称：金耙齿

采集地：淄博市桓台县新城镇河南村

特征特性：果实鲜黄色，含糖高达8%以上，萝卜缨与萝卜分界明显，易于收获储存。

开发利用状况：地方品种。桓台县特有，是很好的民间保健食品，有道是"萝卜往家走，医生袖了手"。20世纪70年开始种植；2002年种植面积达到2万亩，是种植面积最大的一年，种植区域集中在索镇、新城镇、唐山镇、田庄镇、果里镇5个镇；目前种植面积稳定在0.1万亩左右，种植区域集中在新城镇、马桥镇2个镇。

种质名称：老鼠嘴胡萝卜

采集地：德州市夏津县银城街道冉楼村

特征特性：因根肩部小而突出，形状酷似老鼠嘴，所以当地农民称为"老鼠嘴胡萝卜"。肉质根圆锥形，橘红色，根肩小，叶段粗尾细，表皮光滑，品质优良，食用口感俱佳。该品种较耐低温，甜度高，耐储藏，亩产2 500～3 000千克，单个重350～400克，适合鲜食和加工。

开发利用状况：地方品种。在夏津县已有40余年种植历史，二三十年前在本县曾有大量种植，近年来，由于杂交胡萝卜品种的引进，该品种种植大量减少，目前在夏津县种植面积在30亩左右。该品种为当地农民自留种栽培，有着与引进的培育杂交品种不同的特殊风味，具有一定的推广和利用价值。

芜菁（*Brassica rapa*）

种质名称：新泰蔓菁

采集地：泰安市新泰市宫里镇岳家庄村

特征特性：肉质根圆锥形，外形酷似青萝卜，露土部分约2/3处为青绿色，地下部分为白色，单根重500克左右。肉质根组织致密、水分适中、味甜美，熟食甜面，品质好，耐旱，耐储藏，一般亩产2 500～3 000千克。

开发利用状况：地方品种。新泰市独有，有100多年栽培历史。仅在新泰市的楼德镇、禹村镇、宫里镇3个镇有种植，常年种植面积1 000亩左右。在当地春节加工蔓菁豆腐丸子、蔓菁猪肉丸子作为地方名吃招待客人，还可炒食、煮食或腌渍豆豉咸菜，另外蔓菁的长梗和叶片加入粗豆粉可制作"小豆腐"，备受广大食客喜爱。

根用芥菜（*Brassica juncea*）

种质名称：光皮根芥

采集地：日照市莒县招贤镇东瓦屋村

特征特性：叶片绿色兼有紫色，叶缘锯齿，直立，长50～60厘米。肉质根短圆锥形，长10厘米左右，多数直径和长相等；根头部大，露土部分占2/3，表皮光滑，单个重可达500～1 000克，最大可达1.5千克。腌制成咸菜，水分少，膳食纤维多，肉质白，质地嫩脆，有特殊芥辣味，为农村老百姓常食咸菜之一。产量高，亩产量可达4 000～5 000千克。

开发利用状况：地方品种。在莒县已有100余年的种植历史。目前，全县种植面积在200亩左右，一般将芥菜头腌制成咸菜、甜酱菜或者闷炝辣丝，也可熟食和凉拌，叶缨可晒制成咸菜缨。莒县"腌菜疙瘩""甜酱辣菜"是远近闻名的地方名吃、历史名吃，大多数超市、农村集市都有销售，价格比较实惠，但是整体经济效益较高，亩产收益12 000～15 000元。

苤蓝（*Brassica oleraces var. carlorapa*）

种质名称：苤蓝头

采集地：菏泽市成武县苟村集镇祝桥村

特征特性：膨大的肉质球茎和嫩叶为食用部位，球茎脆嫩清香爽口；嫩叶营养丰富，含钙量很高，适宜凉拌、炒食和作汤等。适应性较广，抗逆性强，生育期短，病害少，种植容易，一般一棵1~1.5千克。

开发利用状况：地方品种。有60多年的种植历史，20世纪90年代以前种植面积很大，每年约5万亩，此后随着其他多种经济作物的推广，苤蓝种植面积逐年减少。成武县是远近闻名的酱菜之乡，腌制酱大头已有100多年的历史，用苤蓝头腌制的酱大头远销全国各地，深受人们的喜爱。现有酱大头咸菜生产企业10多家，每年销售额过亿元。

狭叶珍珠菜（*Lysimachia pentapetala*）

种质名称：狭叶珍珠菜

采集地：日照市五莲县洪凝街道大青山

特征特性：茎直立，高30～60厘米，花冠白色，生长茂盛；花期7—8月，果期8～9月。嫩梢、嫩叶均可食用。营养丰富，高钾低钠。

开发利用状况：野生资源。主要生于山坡的路边，嫩梢可以食用；有药用价值，也可作为观赏植物在风景区种植。

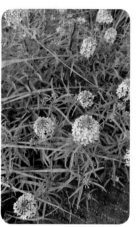

山药
（*Dioscorea polystachya*）

种质名称：桓台细毛山药

采集地：淄博市桓台县新城镇河南村

特征特性：茎蔓生，叶绿色、卵圆形、尖端三角锐尖。叶腋间着生气生块茎，俗称"零余子"，深褐色，椭圆形。地下块茎棍棒状，长80～100厘米，横径3～5厘米，重400～600克，外皮薄，黄褐色，有红褐色斑痣，毛根细，块茎肉质细、面，味香甜，适口性好。亩产块茎1 500～2 500千克。

开发利用状况：地方品种。据史书记载，春秋齐桓公称霸时期就有种植，延续到明清年间发展迅猛。《桓台志略》载"城附近各村多种之，味甘而粉，肥者长大如臂，盖其土壤肥沃深厚与山药最宜，故品质亦佳，不亚怀庆所产，深秋各处贩者络绎不绝"。目前全县栽培面积达到2 000亩，主要在新城镇。

种质名称：西埠庄山药

采集地：烟台市福山区门楼镇西埠庄村

特征特性：叶片较大，一般呈卵状三角形至宽卵形，长3～9厘米，宽2～7厘米，顶端渐尖，基部深心形。根茎粗长，块茎长50～70厘米、粗4～6厘米，圆且顺直，表皮光洁，根毛细少，皮薄肉白。口感沙面香绵，绵而不柴，甜味适中，香气浓郁，极具养生功效。

开发利用状况：地方品种。有几百年的种植历史，目前，西埠庄村山药种植面积500亩，总产量50万千克，市场价格是其他一般山药的2～3倍，产品供不应求，直接经济效益1 000万元。

种质名称：一空桥山药

采集地：潍坊市寒亭区高里街道一空桥村

特征特性：缠绕草质藤本，块茎长圆柱形，茎紫红色，可食用。水分含量少，糖含量丰富，炖后汁液浓，口感面、甜、香，尤其适合炖和做拔丝山药。总体表现优质，抗病。

开发利用状况：地方品种。已有30多年种植历史，目前，种植面积100多亩。由于口感好，品质好，很受当地消费者欢迎。

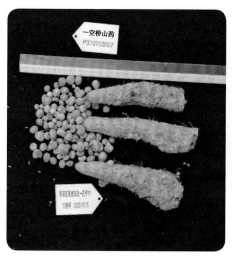

种质名称：洪河山药

采集地：泰安市新泰市汶南镇洪河村

特征特性：块茎长圆柱形，耐密植，蔓长3米左右，可食用块茎部分长50～60厘米，直径3～5厘米，单株重300克左右，亩产3 000千克左右，有香、甜、脆、糯，做菜汁浓、色白和易于保存等特点；生长期间多数植株不结山药豆。

开发利用状况：地方品种。有100多年的栽培历史，当地成立了洪河山药合作社，发展山药种植面积100余亩，产品销往省内外18个地市，2020年每千克36元仍供不应求，商品价值极高。

种质名称：牛腿山药

采集地：泰安市宁阳县伏山镇黄冯村

特征特性：根茎上端圆形、较细，下端逐渐变粗分权，或扁或圆，呈牛蹄状，整体形似牛腿，长80～100厘米，直径最粗可达8厘米。切开后，不易氧化变色，其味甘色正，口感爽脆，富含黏蛋白，淀粉含量较高，营养价值高。

开发利用状况：地方品种。40年前从日本引进，经过长期驯化已适应当地气候环境。宁阳县山药种植面积4 000余亩，也是山药种苗的主要繁育基地，其种植的山药种苗，产品畅销全国近20个省（市）。

种质名称：西施山药

采集地：菏泽市定陶区杜堂镇戚姬寺

特征特性：块茎肥大，表皮光润，营养丰富，品味俱佳。以"面、甜、香、绵、爽"的口感和"药食同源"的品质备受人们追崇，是"皇家御贡"产品。

开发利用状况：地方品种。当地独有，种植距今已有2 400多年。当地以山药为主导产业，建立了农产品优势区，绿色认证面积13 000亩，培育山药专业种植合作社15家、山药农副产品加工企业10家、山药电商企业10家，年产值达到20亿元。

葱（*Allium fistulosum*）

种质名称：鸡腿葱

采集地：济南市莱芜区牛泉镇贺小庄村

特征特性：基部显著膨大，向上渐细并稍弯曲，形似鸡腿而得名。植株矮小、粗壮，株高60～70厘米，单株重150～200克。叶绿色、管状、肥厚、粗短，略弯，排列紧密，叶面覆蜡质粉。葱白部分较短粗，长26～30厘米，水分含量适中，辛辣味浓，耐储藏，生命力强，有"根枯叶焦心不死"之说。

开发利用状况：地方品种。属山东特产，是著名的"莱芜三辣"之一，是我国众多大葱品种中独具特色的优质地方品种。鸡腿葱种植历史悠久，嘉靖年间《莱芜县志》、光绪年间《莱芜县乡土志》就有葱的记载。可生食，更宜炒食，作为生、熟、荤、素菜肴常用调料尤佳。

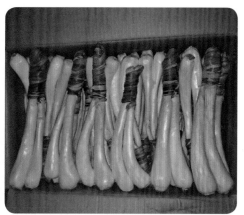

种质名称：大梧桐

采集地：济南市章丘区绣惠街道王金村

特征特性：植株高大，因其直立魁伟，似梧桐树状，故名"大梧桐"。其特点可总结为"高、大、脆、甜"四字。丰产单株重可达1.5千克，株高2米，葱白长0.8米，被誉为"葱王"，特别适合生食。

开发利用状况：地方品种。有两大优良品系，其中之一为大梧桐，据记载明嘉靖年间章丘已有葱的栽培，距今已有500余年。据统计，2021年章丘区大葱种植面积超12万亩，其中一半以上种植的是章丘大葱的农家品种。

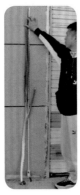

种质名称：气煞风

采集地：济南市章丘区绣惠街道王金村

特征特性：植株粗壮，叶色浓绿，叶间距小，叶肉厚韧，耐病抗风，故名"气煞风"。一般株高1.2米，白长0.5米，径粗4.5厘米，单株重0.4千克。气煞风与大梧桐葱的区别在于棍棒状假茎较粗，叶身间距较小。略有辛辣味，生食、熟食皆宜。

开发利用状况：地方品种。章丘大葱的代表品种之一，距今已有500余年的栽培历史。据当地村民介绍，种一亩地的大葱纯收入可以达到6 000～7 000元，大葱价格高的时候可以达到1万元。

种质名称：姜家埠大葱

采集地：青岛市平度市南村镇姜家埠村

特征特性：葱叶表面披蜡粉，植株高大，通体长直，整株长120～130厘米，葱白长60～70厘米，粗细均匀，质地细腻，辣味稍淡，微露清甜，脆嫩可口，适宜久藏。

开发利用状况：地方品种。其原始品种于公元前681年由中国西北传入齐鲁大地，已有3 000多年的历史。在明代时，大沽河西岸一带（今古岘镇、仁兆镇、南村镇等地）栽培已经很普遍。目前大葱是姜家埠村的优势产业，姜家埠大葱生产区域位于平度市、即墨区、胶州市、高密市四地交界处，主要集中在南村镇52个行政村。姜家埠村周边区域内年种植面积达2.5万亩以上，年总产量达40万吨，年产值可达5亿元，产业化发展前景广阔。

种质名称：辉渠大葱

采集地：潍坊市安丘市辉渠镇同歌尧村

特征特性：3月下旬育苗，6月中下旬麦收后定植，11月上中旬收获，亩产4 000～5 000千克。葱白直立、粗大、长40厘米左右，假茎紧实，不分株，不抽薹；管状叶浓绿色，坚挺。具有大葱的正常风味，辣味浓呛，与章丘大葱淡辣脆甜的特点形成互补；刀切爆花，肉质细脆，商品性好，熟食、鲜食皆宜；耐热、耐寒、耐储运。

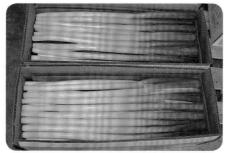

开发利用状况：地方品种。《安丘市志》记载，已有2 000多年栽培历史。老俗语说"辉渠葱，两河蒜，芝泮烧肉景芝面"，辉渠大葱属安丘市"四大名吃"之一。目前，种植面积稳定在28万亩（含复种）左右，是安丘市农业的支柱产业。

种质名称：八叶齐

采集地：潍坊市寿光市文家街道王西村

特征特性：植株粗壮，不分蘖，成株一般8叶，叶片整齐紧密成扇形；平均株高1米，直径3~4厘米；耐寒，抗风，适应性广。品味好，微甜、微辣，与铁杆大葱相比，不苦，生食、熟食皆佳。

开发利用状况：地方品种。早在明代就开始种植，主要种植区域为田柳镇及上口镇北部。目前仅有少量农户种植，在本地集市上销售，因其口感好，仍然深受本地消费者喜爱。

种质名称：小香葱

采集地：潍坊市安丘市新安街道河洽村

特征特性：植株直立，株高50～60厘米，葱白长5～10厘米，葱白略粗，不膨大，生长期短，移栽或直播后50～80天收获；复种指数高，生长期短，适应性强，耐寒、耐旱、较耐热，一年四季都可种植，容易栽培，亩产1 000～1 500千克。以食用嫩茎叶为主，质地细嫩，香味浓。

开发利用状况：地方品种。农家自留种，栽培历史悠久。种植面积基本维持在3 000亩左右，3—4月收获时，价格基本稳定在每千克4～5元，是当地三大葱品种之一。

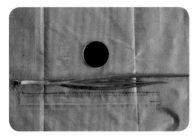

种质名称：八大杈

采集地：青岛市胶州市洋河镇张家村

特征特性：生长过程中会从根部分几个杈，俗称八大杈。一年生，耐低温。株高约40厘米，叶色绿，圆筒形，葱秆细，不易老，口感好。在营养生长期内植株发生1～3次分蘖，每一次分蘖由1株分生成2～3株，一年可分生6～10个分株。经低温春化后，每个分株可同时抽薹、开花、结实。

开发利用状况：农家品种。约有70年的种植历史，在20世纪60—70年代种植的比较多，以农民自留种为主，主要是农户在田间地头零星种植，以供日常食用。

姜（*Zingiber officinale*）

种质名称：莱芜大姜

采集地：济南市莱芜区高庄街道东汶南村

特征特性：株高近1米，根茎肥厚，茎秆粗壮，一般每株10～12个分枝，有芳香及辛辣味，叶片披针形。一般单株块重约800克，重者可达1 500克以上，通常亩产量为3 000～4 000千克，高产田可达5 000千克以上。莱芜大姜具有个大皮薄、丝少肉细、色泽鲜艳、辣浓味美、营养丰富、耐储藏的特点。

开发利用状况：地方品种。种植历史悠久，主要有大姜和小姜两个品种。20世纪90年代后，莱芜大姜因产量高、商品性好，逐渐成为莱芜生姜的主栽品种。据统计，2021年莱芜区生姜种植面积近10万亩，大姜占70%左右。莱芜大姜产品远销全国各地，并出口日本、韩国等20多个国家和地区。

种质名称：蟠桃大姜

采集地：青岛市平度市东阁街道乔家村

特征特性：姜块大皮薄、色泽鲜亮、筋少肉细、辣浓味美，能去腥、去膻、增鲜、添香、清口，可炒吃、腌制、作佐料。

开发利用状况：地方品种。原产于平度市以北8千米处蟠桃山一带，早在明末清初，当地农民就开始种植大姜，距今已有300多年的历史。人们习惯地把产自蟠桃山一带的大姜称为蟠桃大姜。蟠桃大姜都在霜降前后收获，持续近20天。目前种植面积逐渐扩大，平度市种植总面积已发展到5万亩左右，年产优质蟠桃大姜22万吨左右，是平度市农村经济主导产业之一。

种质名称：滕州片姜

采集地：枣庄市滕州市龙阳镇刁沙土村

特征特性：又称黄姜，俗称"横丝子"。姜块大、皮薄、丝少、色泽艳亮、辣味浓厚，去腥、提味功能明显。

开发利用状况：地方品种。清朝光绪《滕县乡土志》有种植姜的记载，至今已有500多年的栽培历史，滕州市是山东省黄姜优势产区之一，龙阳镇等多个镇街均有种植，常年种植面积2 000亩左右，成立有黄姜生产技术协会和德法黄姜专业合作社。滕州黄姜成为知名区域土特产，是滕州市名菜——滕州辣子鸡的首选烹调佐料，用其烹饪的辣子鸡香味浓郁，口感俱佳。

种质名称：莱州大姜

采集地：烟台市莱州市程郭镇无根枣由家村

特征特性：株高0.5～1.2米，叶片披针形，长16～31厘米，宽2～3厘米，无毛，无柄；地上茎分枝15～20个，亩产0.5万～0.6万千克。黄皮黄肉、质地细腻、粗纤维少，口感好；抗炭疽病、抗钻心虫。

开发利用状况：地方品种。种植范围遍及莱州市，其中位于王河两岸的驿道镇、程郭镇、平里店镇、朱桥镇和位于白沙河流域的沙河镇、夏邱镇等镇街是重点产区，种植面积常年维持在10万亩以上，总产量达55万吨。有4个大姜批发市场，从事大姜生产的农民4万多人，洗姜流水线80多条，年交易量达36万吨。

种质名称：红芽姜

采集地：潍坊市安丘市官庄镇西挑河村

特征特性：姜尖为粉红色，故名"红芽姜"，又因其状如佛手，又称"佛手姜"。植株丛生直立，生长势强，分枝多，根茎表皮淡黄色，肉色蜡黄，纤维少，鲜嫩无丝，风味品质绝佳，具有鲜、甜、嫩、脆、辣等特点，可生食、调味或药用。产量高，亩产可达3 000千克。

开发利用状况：地方品种。有500多年的栽培选育历史，红芽姜作为安丘市大姜的一种，由于生长期短、品质优良、产量高、价格相对稳定、收益高，已在安丘市多地推广种植，种植面积维持在1.5万亩左右，是种植户的重要收入来源。

种质名称：小草姜

采集地：烟台市龙口市石良镇枣李村

特征特性：也叫小黄姜。4月中旬播种，10月下旬收获，株高70～80厘米；姜块形状细长，亩产3 500千克左右。姜味浓郁，颜色金黄，辣味足，纤维稍多。

开发利用状况：地方品种。石良镇枣李村、七甲镇大草屋村等周围有着悠久的种植历史。小草姜除了作为调味料，还可作为中药、保健品的原材料，当地有"上炕萝卜下炕姜"的俗语。目前，已成为当地的特色产业，在龙口市石良镇、七甲镇、兰高镇等东南部丘陵地区种植面积约2 000亩。

种质名称：昌邑大姜

采集地：潍坊市昌邑市都昌街道史洼村

特征特性：姜块肥大，芽眼少，颜色鲜黄，姜汁含量多，肉质鲜嫩，粗纤维少，口感脆，辛辣适中，姜味浓郁。

开发利用状况：地方品种。也称昌邑面姜，地方特产，有600多年的种植历史，可追溯到明代。目前，种植面积5万亩左右，除了以鲜姜块直接销售到全国各地及出口国外，还开发了生姜产品的深加工，如姜茶、姜酒、姜糖等产品远销日本、韩国等国家，经济效益可观。

种质名称：黄爪姜

采集地：泰安市宁阳县磁窑镇大磨庄村

特征特性：根茎分权多爪状，色泽鲜亮，块大丝多，肉实汁绿，辛辣味烈，清香浓郁，水分少，可作姜粉，含丝多，出味好，出干率12%，可与川姜媲美。

开发利用状况：地方品种。种植历史悠久，据文字记载，春秋战国时期就已盛产。现在主要产区在宁阳县东部的蒋集镇、葛石镇、磁窑镇等乡镇，为该县重要经济作物之一和农民致富的重要途径。常年种植面积1万亩左右，总产3 000万千克以上，每年产出的生姜，大量远销河南省、山西省、河北省、内蒙古自治区及东北各地，可作火锅底料配料，深受消费者欢迎。

种质名称：乳山面姜

采集地：威海市乳山市大孤山镇水井村

特征特性：姜体饱满、色泽金黄、筋少肉脆、辛香味辣，脆度好，保质期长；大姜营养丰富，富含姜油酮、姜醇、蛋白质、多种维生素和矿物盐等成分，深受广大消费者的青睐。

开发利用状况：地方品种。"乳山三宝"之一，栽培始于20世纪60年代，经过几十年发展，当前乳山市各镇均有种植，主要集中在白沙滩镇、大孤山镇、诸往镇、乳山寨镇等镇，种植面积2.5万亩，总产量10.06万吨。近年来，在政府的引导和扶持下，面姜深加工企业不断壮大，产品有糖水姜、结晶姜、盐水姜、寿司姜等，主要出口欧盟、美国及日本、韩国、新加坡等国家和地区，"御姜堂"牌商标被评为威海市知名商标。

大蒜（*Allium sativum*）

种质名称： 大青棵

采集地： 济南市商河县白桥镇段集村

特征特性： 中晚熟品种。因蒜头大且棵青皮紫，故称大青棵。蒜头近圆形，饱满硕大，品相好。外皮紫色，蒜瓣8～14个，肉质细嫩，辛辣味浓，品质好。具有优质高产、抗寒、抗旱、抗病虫的特点。在条件较好的情况下，一亩地能够产出蒜薹450～700千克，蒜头2 000千克，大青棵能够适应比较冷的生长环境，在相对少雨的地区，也能够正常生长。

开发利用状况： 地方品种。由苏联的大红皮蒜提纯选育而来，已在当地种植10多年，是当地大蒜的主栽品种之一，在本地种植面积达2万亩以上，一部分以鲜蒜形式出售，另一部分加工成蒜片，主要出口到印度尼西亚、日本、韩国等国家和地区，已成为当地农业特色产业之一。

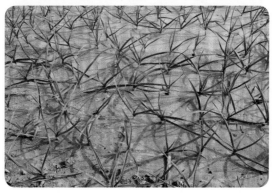

种质名称：湍湾大蒜

采集地：青岛市即墨区移风店镇湍湾西北村

特征特性：蒜皮为紫红色，蒜头大，单头重40～60克，亩产3 000千克左右；蒜瓣洁白均匀，鲜嫩多汁，口感辛辣，脆香浓郁，肉质肥厚，皮薄易剥，营养丰富，深受人们喜爱。

开发利用状况：地方品种。当地知名特产，有大规模的湍湾大蒜生产基地，常年种植面积6 000亩，亩产值1万元左右，随着湍湾大蒜销量的增加，在当地脱贫致富和经济发展中起到重要作用。

种质名称：姚郭大蒜

采集地：淄博市桓台县马桥镇姚郭村

特征特性：蒜头大、横径5～6厘米，单头蒜重40～50克，皮色洁白，多为四、六瓣，质地脆、稍硬、辣性十足、黏性大，品质较好。

开发利用状况：地方品种。种植历史悠久，从20世纪50年代在桓台县马桥镇姚郭村、宗崔村等村普遍种植，面积每年稳定在0.2万亩左右。

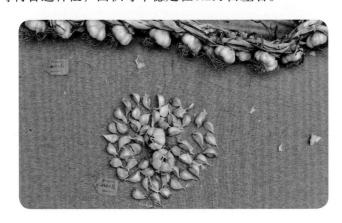

种质名称： 两河大蒜

采集地： 潍坊市安丘市官庄镇东小泉村

特征特性： 蒜头整齐，皮白个头小，瓣匀，色微黄，味道浓厚，辛香可口，细腻柔嫩，汁液稠，微量元素含量高，杀菌能力强，辣味明显高于其他品种。鲜蒜薹亩产600千克左右，干蒜头亩产量1 200～1 500千克。

开发利用状况： 地方品种。因主产于山东省安丘市官庄镇两河村而得名，据《安丘县志》记载，两河村种大蒜始于清代初年，有300多年历史。老俗语说"辉渠葱，两河蒜，芝泮烧肉景芝面"，两河大蒜属安丘市"四大名吃"之一，又有"两河大蒜头，一头顶两头"的说法，目前种植面积约300亩，年产值120万元左右。

种质名称： 马家牙子蒜

采集地： 潍坊市寿光市侯镇马家村

特征特性： 皮白色，蒜瓣小，蒜瓣多，一头蒜可达15～20瓣，口感脆，主要用作腌蒜。

开发利用状况： 地方品种。因产于寿光市侯镇马家村而得名，至今已有100年栽培历史，现全村种植面积100余亩，每亩可收入7 000多元。

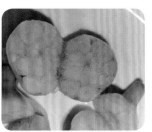

种质名称：金乡白皮蒜

采集地：济宁市金乡县化雨镇吴海村

特征特性：蒜头纯白色，皮厚不散瓣，蒜头个大、产量高，直径6.5～7.5厘米，单蒜头重70～80克，平均亩产干蒜1 500千克、蒜薹500千克。抗逆性强，抗重茬，高抗大蒜紫斑病、叶枯病、菌核病等；抗霉变、抗腐烂、耐储藏。大蒜汁鲜味浓、辣味适中、香脆可口，被专家称为最好的天然抗生素食品。

开发利用状况：地方品种。已有2 000多年的历史，近10多年来金乡县及周边地区每年种植面积30多万亩，年均产量超45万吨。目前，金乡县从单一的种植生产大蒜向多元化发展，形成了大蒜冷藏、深加工等新的产业链。大蒜深加工产品主要有蒜米、蒜干、蒜粉、蒜油、蒜素、黑蒜、黑蒜汁、泡蒜、腊八蒜等。

种质名称：本地大蒜

采集地：聊城市冠县东古城镇马庄村

特征特性：因蒜头一般有6～8瓣，本地俗称"六八瓣"。外皮浅红色或紫色，个大，适应性强、产量高、耐储藏。辣味浓郁，作为调味品，可鲜食，也可烘干加工成蒜片，还可腌制成咸蒜、糖醋蒜，风味独特，鲜脆可口，营养丰富。

开发利用状况：地方品种。东古城镇种植大蒜的最初时间可追溯到20世纪50年代，主要分布在郭安堤村、董安堤村、乜村一带，常年保持种植面积4万～4.5万亩，加上周边其他乡镇，冠县种植面积稳定在6万亩以上。

种质名称：早薹蒜

采集地：济宁市金乡县化雨镇周集村

特征特性：早熟品种，蒜薹、蒜头收获时间比本地蒜提早20～25天；生长势强，蒜秆粗壮青绿，叶片绿色宽大，株高较矮，80厘米左右；抽薹早而整齐，蒜薹粗、圆、脆、嫩，薹质优良，抽薹率高；蒜薹产量高，亩产蒜薹1 000千克左右，亩产蒜头700～800千克；小蒜头，浅红皮，蒜味香辣可口；须密植，每亩种植密度30 000株左右。抗病毒病，耐寒。

开发利用状况：地方品种。十几年前从外地引进并系统选育而来，金乡县及周边地区每年种植面积5多万亩，年均产量超5万吨。目前，金乡县主要利用早薹蒜抽薹早、蒜薹产量高、品质好、早上市等特点，逐步扩大种植面积，推广优质高产栽培技术，使蒜薹及早上市，解决淡季供应，提高经济效益，增加农民收入。

种质名称：蒲棵

采集地：临沂市兰陵县长城镇居村

特征特性：冬播蒜，生育期235～240天，中晚熟品种，适应性强，较耐寒。株高一般80～90厘米，高产丰产。蒜头四、六瓣，头大瓣少匀称、皮薄洁白，整头蒜可达40克以上，蒜瓣大、黏辣郁香、营养丰富，适合深加工；容易抽薹，蒜薹香、脆、甜、微辣、耐储藏。

开发利用状况：地方品种。明朝万历年间，兰陵县神山镇和庄一带，就已形成了大蒜集中产区。蒲棵作为苍山大蒜的当家品种，种植面积约在30万亩，年产蒜头26万吨、蒜薹15万吨。主要分布在神山镇、磨山镇、长城镇等10个乡镇（街道）。开发的蒜产品有保鲜蒜薹、保鲜蒜米等10多个品种，销往日本、东欧等国家和地区。

种质名称：小红皮蒜

采集地：德州市武城县武城镇中姜庄村

特征特性：种皮紫红色，辣度高，捣成蒜泥后比较细腻，蒜头不大，每头蒜有4～6瓣。

开发利用状况：地方品种。有100年种植历史，但由于产量较低，基本上没有大面积种植，只有少数老农沿袭种植下来。

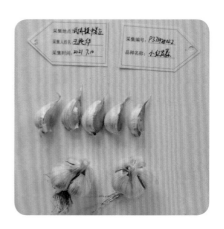

野蒜（*Allium macrostemon*）

种质名称：翟蒜

采集地：临沂市莒南县涝坡镇唐庄村

特征特性：又名贼蒜、小根蒜、山野蒜、山蒜、细韭、野葱。叶子像葱一样，有葱蒜味；地下鳞茎状，最大的蒜头有指肚大，特别辣、蒜味大，嫩叶和鳞茎富含多种营养成分和矿质元素。

开发利用状况：地方品种。莒南县翟蒜的种植面积约1 000亩，亩产量约为4 500千克，一般直接销往国内市场。

洋葱（*Allium cepa*）

种质名称：桓台红皮洋葱

采集地：淄博市桓台县田庄镇于铺村

特征特性：管状叶，深绿色，葱头圆球形，外皮呈紫红色，肉质微红，辣味较强，直径约10厘米，高9厘米左右，单株葱头重250~300克。亩产量5 000千克左右，兼具有扁圆形洋葱水分含量少、耐储和椭圆形洋葱丰产的双重特性。

开发利用状况：地方品种。20世纪70年代引进的扁圆形红皮洋葱，经多年系统定向选育而成，目前是桓台县菜农大面积增收的优良特色蔬菜品种之一，全县洋葱种植面积5 000亩。

种质名称：蓬莱红皮

采集地：烟台市蓬莱区南王街道大王家村

特征特性：鳞茎近球形，外皮为红色，肉白色。植株高60~70厘米，纵径8~10厘米，横径8厘米左右，单个鳞茎重250~300克，肉质细嫩，甘甜微辣，香气浓，宜炒食，不易抽薹，抗病、耐水肥。

开发利用状况：地方品种。来源于蓬莱市凤凰蔬菜研究所，目前作为原材料使用，未大面积种植。

莲（*Nelumbo nucifera*）

种质名称： 大窝龙

采集地： 济南市槐荫区吴家堡街道裴家庄村

特征特性： 因外观似一条卧着的龙，当地俗称"大卧（窝）龙"。深水藕，生长在泥土下1米以上，横卧于水底泥中。莲藕体细长、粗细适中，长圆筒形，每节30厘米左右，有3~5节，多者可达6节，重约1.5千克。其表面光滑、颜色鲜亮，断开后晶莹剔透、洁白如玉、九孔。品质好，水分含量高，纤维少，生食脆嫩香甜，嚼后无渣。

开发利用状况： 地方品种。在本地多年种植，适应当地环境，形成了自己的特色。近年来当地莲藕种植面积逐年减少，几近消失。

种质名称： 东平白莲藕

采集地： 泰安市东平县州城街道杜尧洼村

特征特性： 每年6—7月开花，花白色，气味清香，地下茎莲藕入水较深，多为3节7孔，肉质细嫩、鲜脆甘甜、洁白无瑕，可生食、拌食、甜食等。

开发利用状况： 地方品种。在东平县州城街道一带种植，因产量较低，仅适合在湖边洼地、池塘等环境生长等原因，种植面积较小。

种质名称：马踏湖白莲藕

采集地：淄博市桓台县起凤镇华沟村

特征特性：十孔莲藕，外形匀称，藕节整齐。成熟后，藕身质地细腻，色泽光洁，圆润如玉；肉质鲜白脆嫩，藕丝少且细，纤维少、品质高，生吃、熟食皆可。

开发利用状况：地方品种。当地特有，近年来，桓台县把打造"马踏湖白莲藕"品牌当作优化农业结构、促进经济发展的大事来抓，以构建标准化种植体系为重点，大大改善了生态环境，提高了产品质量，现已建成标准化种植基地4 000亩，实现了产业链提升、流通链贯穿，真正把区域资源优势、要素优势转变为产品优势、市场优势、竞争优势。

种质名称：九孔白莲藕

采集地：烟台市蓬莱区村里集镇温石汤村

特征特性：中晚熟品种。荷叶高大，长势繁茂，立叶高1.8～2米，叶冠径65厘米左右，主藕4～6节，藕径7～8厘米，整藕长1.2～1.5米，重2.5～3千克，藕皮白色，细嫩光滑无锈斑，形状肥大有节，中间有9个管状小孔；肉质洁白细腻，生食清脆甘甜，熟食粉糯绵软，营养丰富，口感极佳。

开发利用状况：地方品种。属于白花藕一类，约有100年的种植历史，当地流传一句谚语"风水宝地温石汤，天降神水荷花香"，描述了温石汤温泉莲藕种植的场景。品质佳可能与当地温泉水有关，目前，在温石汤村种植面积约25亩。

种质名称：风渡口白莲藕

采集地：临沂市罗庄区褚墩镇风渡口村

特征特性：每只藕长3节，重1.5千克左右，形状细长，后两节长度可达90厘米，俗称仙鹤腿。藕瓜白如雪，滑如玉，亩产量1 000千克左右。外观细嫩，生食特甜、特脆，包水饺无渣。

开发利用状况：地方品种。藕池主要集中在风渡口村，据村中老人回忆，此藕是20世纪60年代村干部从临沭县引进，凭其优良的品质，产品一度卖到青岛市、枣庄市等地。目前有原种1亩左右，发展种植面积60亩。

种质名称：由吾藕

采集地：临沂市费县朱田镇由吾村

特征特性：每只藕长两节，不生杂枝，藕瓜白如雪，滑如玉，每只1.5千克左右。此藕最明显的不同在于比本地其他的藕多1个眼，10个孔，外观细嫩，生食甜脆，蒸、煮、炒风味独特，炒熟后略红且丝连。煮食口感糯，容易煮烂。

开发利用状况：地方品种。主要集中在由吾村，面积较小，有几十亩，是一种优质特殊藕，本地称其"学士藕"，有"食用学士藕，智慧自然有"之说。

果 树

苹果（*Malus pumila*）

种质名称：千雪

采集地：烟台市牟平区武宁街道邵家沟村

特征特性：晚熟品种，成熟期为10月中旬。树势健壮，叶片硕大，枝条褐色带绿，强壮旺盛，抗病性好。果型端正，个较大，直径80~85毫米；果实颜色金黄，果面星点明显，果肉带沙甜，口感好，有香味，抗氧化。

开发利用状况：地方品种，采集地邵家沟村仅有2棵。

种质名称：柘沟苹果

采集地：济宁市泗水县柘沟镇尚庄村

特征特性：高产、优质，亩产2 500千克左右。果实扁圆形，阳面有红晕，外围果红晕覆盖面大，部分果可达全红，先端常有隆起，果梗短粗。单株结果多而集中，单果重150～200克，核小皮薄，质脆爽口，酸甜适中，果实耐储存。花期4月下旬，成熟期在国庆节前后；适应性强，耐贫瘠。

开发利用状况：地方品种。当地古老名优特产资源，泗水县主栽苹果品种之一，栽植面积500亩左右，正逐步形成规模化种植。

种质名称：红香蕉

采集地：德州市平原县龙门街道南街村

特征特性：稳产性强，树龄长，果实香甜可口，肉质细嫩，色泽鲜艳。

开发利用状况：地方品种。种植历史久远，此次调查发现的红香蕉树高12米，围粗1.1米，经山东省果树研究所的专家推测，树龄至少有100多年，现在还是枝繁叶茂，现村内共有100年以上的老苹果树160余棵，红香蕉作为一个品种被保护种植，已成为南街村的主导产业，种植规模200余亩。

种质名称：黄金帅

采集地：菏泽市郓城县玉皇庙镇陈庄村

特征特性：中熟品种，高产、优质。成熟后色泽金黄，果皮上有小锈点，保留着老黄金帅苹果的品质。果实虽个头不大，但亩产可达4 000千克。八成熟时果皮为绿色，口感脆，完全成熟后果实变面，果味清香、皮薄多汁、酸甜可口。

开发利用状况：地方品种。早在1985年陈庄村果园建园前当地就有种植。目前，由于品种的更新，种植面积已由建园时的200多亩减少至现在的20多亩。

种质名称：大国光

采集地：临沂市沂水县泉庄镇西棋盘村

特征特性：晚熟品种，10月中下旬上市。颜色黄绿，有光泽，表面有淡粗红色的条纹，形状扁圆，个头大，脆甜可口。

开发利用状况：地方品种。在沂水县大国光的种植面积大约200亩，一亩良种苹果园，可产果2 500千克左右，如进行深度加工，开展综合利用，经济效益可增加数倍。

种质名称：小国光

采集地：烟台市栖霞市苏家店镇小曹家村

特征特性：树体适应性、抗逆性强。结果晚，果实较小，单果重一般在125克左右；果实呈圆形或偏圆形，果肉乳白色或淡黄色，肉质细脆汁多，酸甜适中，久放口感面甜，芳香风味极浓。

开发利用状况：地方品种。20世纪50年代初引进栽培，目前，栖霞小国光种植规模4 000亩左右，分散种植。

海棠（*Malus prunifolia*）

种质名称：沂源红海棠（茶果）

采集地：淄博市沂源县石桥镇上黄安村

特征特性：又名楸子。小乔木，树高3~8米。树皮厚，灰褐色；花期3—6月，果期9—11月，果皮色泽鲜红夺目，果肉黄白色，果香馥郁，鲜食酸甜香脆。抗寒、抗旱、耐湿。用以嫁接西洋苹果，生长良好，早熟，丰产，生长健壮，寿命很长。

开发利用状况：地方品种。在当地稀有栽培，是苹果的优良砧木，现主要作为苹果授粉树，果实可以直接出售，也可加工成果脯出售，也可做园林观赏树木，春季繁花满树，秋季硕果累累，极具观赏价值。

种质名称：沂源青茶果

采集地：淄博市沂源县石桥镇上黄安村

特征特性：落叶小乔木，树高达3~8米。适应性强，抗寒、抗旱、耐湿，生长健壮，寿命很长。成熟后果实呈青色，果实味甜酸。

开发利用状况：地方品种。在当地稀有种植，主要作为苹果授粉树，也是苹果的优良砧木或作为城市绿化树美化环境。果实可供食用，也可加工成果脯。

种质名称：红难咽

采集地：淄博市沂源县石桥镇上黄安村

特征特性：落叶小乔木，树高2.5~5米。树枝直立性强，根深；与苹果嫁接亲和力强。成熟果实颜色鲜红，果味酸甜，果渣口感差，故称"难咽"。具有抗旱、耐盐，抗白粉病、斑点落叶病、轮纹病、抗蚜虫等特点。

开发利用状况：地方品种。在当地稀有种植，主作苹果授粉树，也可用作苹果的砧木，果实可供鲜食及加工用。

种质名称：海棠

采集地：滨州市滨城区三河湖镇堡集村

特征特性：落叶乔木，高约8米。枝干粗壮，圆柱形，叶片长椭圆形，长5~8厘米，宽2~3厘米，先端短渐尖，基部近圆形，边缘有细锯齿；叶柄长1.5~2厘米。果实近球形，直径5厘米，黑红色，基部下陷；果梗细长，先端肥厚，长3~4厘米；果实汁多，酸甜可口。

开发利用状况：农家品种。三河湖镇堡集村农户种植，只有1棵，可作为苹果树的嫁接砧木，也可以开发商品性海棠果。

种质名称：甜茶

采集地：临沂市平邑县地方镇九间棚村

特征特性：树高8米，树冠椭圆形，枝条细，老枝紫色，花期4—6月，伞形花序，开花4~6朵，果期9—10月，果实近球形而且较小，红色。具有抗病、抗虫、抗逆、优质等特性。

开发利用状况：野生资源。人工栽培历史70年左右，种植面积约450亩，主要分布在平邑县地方镇。用途广泛，具有观赏价值，是很好的蜜源植物；幼苗可作苹果、花红和海棠果的嫁接砧木；木材纹理通直、结构细致，可用于印刻雕版、细木工、工具把等；嫩叶可代茶，还可作家畜饲料；是培育耐寒苹果品种的原始材料。

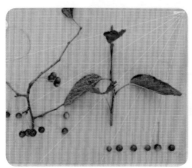

桃（*Prunus persica*）

种质名称：玉龙雪桃

采集地：济南市历城区彩石街道玉龙村

特征特性：因11月下旬小雪前后成熟采收，故称雪桃，是优良的晚熟品种。株高3～5米，成熟的果实绿白色，紧贴枝干生长，向阳面稍有红润，皮薄肉厚，质细核小，汁多脆甜，离核。一般单果重100～150克，最大单果重300克，果型周正。果实硬度高，较耐贮运，在常温下可储存1～2个月不皱皮。适应性强，抗旱、抗寒、耐贫瘠，在山丘、梯田、堰边栽植均生长良好，植株寿命一般在30年左右。

开发利用状况：1953年从当地桃树资源中选育出来的品种，目前仅在玉龙村少量种植。

种质名称：寒露蜜桃

采集地：青岛市城阳区夏庄街道西石沟村

特征特性：果实成熟期介于肥城阳桃和青州蜜桃之间，晚熟桃品种。果实平均重280克，近圆形，果实扁平；果面底色乳黄色，完熟时着色40%左右；果肉乳白色，肉质细嫩，品质上乘，含可溶性固形物19%，黏核，果内近核处红色。适应性强，抗寒、耐贫瘠、耐干旱，较抗病，不耐涝。

开发利用状况：地方品种。山东的3个晚熟桃品种之一，夏庄街道是有名的"寒露蜜桃之乡"，目前在西石沟村寒露蜜桃的栽植面积有800多亩，年产200万～250万千克，年收入400多万元，适合农旅开发和产业化发展。

种质名称：边河脆桃

采集地：淄博市临淄区金山镇西崖村

特征特性：成熟期8月下旬至9月中旬。株高3.5米，自花结实，产量高，品质好；平均单果重350克，最大单果重850克，每亩产量2 500千克左右。采前不裂果、不落果，果实近圆形，横径9.1厘米，缝合线浅，两半部对称；果面鲜红色至玫瑰红色，茸毛较少、短，果皮薄，不易剥离；果肉白色，不溶质，近核处红色，肉质硬脆，纤维少，汁液多，含可溶性固形物14.5%；果实脆甜、清香、全离核。

开发利用状况：地方品种。2009年从淄博市临淄区金山镇西崖村发现的芽变培育而成，2017年开始推广种植，适合种植的区域主要在临淄区金山镇及齐陵街道等地山旱田，目前种植面积1 200余亩，产品销往全国十几个城市，深受消费者的喜爱。

种质名称：晚脆桃

采集地：济宁市兖州区新驿镇栗村

特征特性：10月下旬成熟。生长势强，树体高大，枝叶茂盛。单株结果多，不易落果。果实近圆形，果型整齐；果皮底色黄白色，阳面着鲜红色晕，色泽艳丽，果面光滑，茸毛较少；果肉白色，近核处红色，肉质细密而脆，硬韧、味甜、含糖量高，耐储运。平均单果重300克，最大果重达450克，亩产鲜桃3 000千克。

开发利用状况：地方品种。当地古老特有资源，种植历史悠久。目前只是分散零星种植，没有形成规模化。

种质名称：红里佛桃

采集地：泰安市肥城市新城街道西尚村

特征特性：果实肥大、外形美观、肉质细嫩、味美甘甜、营养丰富，被誉为"群桃之冠"。单果重250～900克，成熟后呈半黄色，香气馥郁，富含多种糖、维生素等营养成分。

开发利用状况：地方品种。迄今已有1 700多年的栽培历史，自明朝起，即为皇室贡品，明朝隆庆帝赐名"佛桃"。目前，红里佛桃种植面积3万亩，肥城市在做好超市、果品批发商订单供销的同时，大力开展网络营销，泰安市有肥城桃经济合作组织25个、销售经纪人100多名，专销网店300多家，年电商销售量占比接近50%。

种质名称：秋风蜜桃

采集地：日照市莒县龙山镇北上涧村

特征特性：因果实在立秋前后成熟，故称之为"秋风蜜"。果面黄底红晕，果肉黄白色，近核处红色，黏核；果实肥大，最大单果重550克，可溶性固形物含量12%～16%，亩产量3 000～4 000千克，最高5 000千克。果肉清脆，味甜微香，色泽艳，品质上乘；抗性强、丰产、耐储运。

开发利用状况：地方品种。莒县特有，20世纪60年代从龙山镇山区移栽种植，龙山镇以北上涧村为中心有千亩秋风蜜桃园，并辐射带动扭沟村、后仲沟村、前仲沟村、泥沟子村等6个周边村及陵阳街道、浮来山街道等发展桃园。目前，全县露地桃种植面积3万亩左右，产量10万吨左右，产值近5亿元，蜜桃远销福建省、深圳市、浙江省等地。

种质名称：惠民蜜桃

采集地：滨州市惠民县大年陈镇郭口村

特征特性：大果型、中熟品种。果个大、品质好、早果性好、丰产性强。平均单果重257克，最大单果重450克，色泽艳丽，肉质细腻，表面硬度较大，耐储运；果实近圆形，顶端圆，微凸；缝合线浅，两半部对称；梗洼狭、中深。果皮黄色，阳面具紫红色晕，黏核不易剥离。果肉橘黄色，汁液较多，香气浓，营养丰富。

开发利用状况：地方品种。1969年在农户院中被发现，后经嫁接繁育筛选出性状稳定的品系。目前种植面积为1 000亩左右。

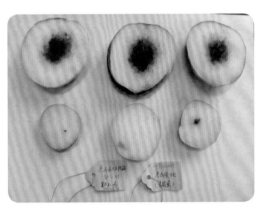 

种质名称：中秋惠蜜

采集地：滨州市惠民县大年陈镇西坡刘村

特征特性：枝条短，单果重一般400克左右，最大果重720克，果实近圆形，黏核，果面玫瑰红色，果肉乳白色，硬溶质，不裂果，耐储运，货架期长达10天左右，果实含糖18%，最高达22%，自花结实，产量高，成熟期在中秋、国庆两节之前。

开发利用状况：地方品种。20世纪初选育，普遍种植于惠民县大年陈镇，已种植多年，目前种植面积800亩左右。

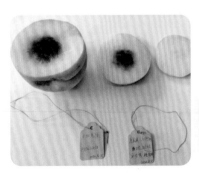  

杏（*Armeniaca vulgaris*）

种质名称：红荷包杏

采集地：济南市市中区十六里河街道大涧沟西村

特征特性：5月底至6月初成熟，属早熟杏，宜鲜食。果实中等大小，平均单果重43克，最大果重55克。果实椭圆形，顶端微凹，缝合线明显。果面底色黄，阳面少具红色。果皮厚，不易剥离。果肉淡黄色，汁液较少，肉质韧，离核，味酸甜，香气浓，品质佳。耐储藏，常温下可储藏5～6天；适应性强，抗病虫。

开发利用状况：地方品种。产于济南市南部山区，大涧西村为红荷包杏的发源地，原是一株实生变异，有近200年的历史，目前全村种植面积约500亩。

种质名称：济丽红杏

采集地：济南市市中区十六里河街道瓦峪沟村

特征特性：6月下旬成熟，为晚熟品种。采收期7天左右，果实近球形，平均单果重85克，最大果重132克；表面光滑，底色黄，向阳面浓红，色泽艳丽、果肉橙黄、肉质清脆、味浓香、口感酸甜、种核小。具有产量高、耐挤压、耐储运、适应性广、抗逆性强等特点，无特殊病虫害；二年生树单株产量达10千克，五年生树单株产量达40千克。

开发利用状况：农家品种。又名关公脸，系自然实生变异，1999年定名为济丽红。果实外形好，品质佳，村民大多在附近集市出售，近年来由于城市化进程加快，许多杏树因整村搬迁而被砍伐。

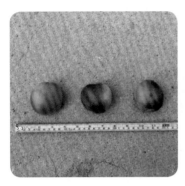 

种质名称：张夏玉杏

采集地：济南市长清区张夏镇黄家峪村

特征特性：因果实成熟后，如美玉般晶莹剔透，百姓便称之为玉杏。5月中旬即可采摘上市，属早熟品种。果实扁圆形，阳面有片红，肉厚质脆硬、果肉橙黄色，核小；果实色艳味美、个大皮薄、香甜可口、芳香四溢，平均单果重80克，最重可达125克，耐储运。

开发利用状况：地方品种。又名御杏、汉帝杏、金杏，20世纪50年代的时候，张夏镇就有农户栽种杏树，到2000年左右，几乎家家种杏，进入21世纪，张夏镇先后投资300多万元，连续举办了11届杏花节，累计接待游客200余万人次。

种质名称：观音脸

采集地：青岛市崂山区北宅街道书院社区

特征特性：6月下旬成熟，色美质优，鲜食加工均佳。果实卵圆形，单果重36.3～50克，成熟后果皮发亮、较厚，甜蜜芳香，阳面具紫红色斑点，果肉橘红色，肉质细、较硬韧、纤维少、汁液中多、离核、苦仁、耐储运。

开发利用状况：地方品种。崂山区的主要果树之一，也是青岛市杏的代表品种。在当地已有上百年栽培历史，主要集中在夏庄街道、惜福镇街道、沙子口街道、北宅街道等，目前，崂山观音脸杏已发展到4 500亩，年产量70万千克。

种质名称：麦黄杏

采集地：青岛市崂山区北宅街道书院社区

特征特性：果实长圆形，顶部较平、微突，个头大，平均单果重40克左右，直径6厘米左右。麦子黄时才熟透，单株结果可达300千克以上。果皮薄，茸毛较多，果面淡黄色，阳面微红，果肉离核，软甜无酸，甜度高达18度，杏香味十足，汁水丰富。

开发利用状况：地方品种。已有60年以上栽培历史，目前为城阳区、崂山区主要的杏树品种，但由于其果实不耐储存，近些年正逐渐被崂山观音脸、少山2号等品种替代。

种质名称：马营杏

采集地：济宁市梁山县马营镇杨营村

特征特性：多年生落叶乔木，生长势强，树姿开张。果实6月初成熟，属早熟类型，结果性好。果实圆形，黄皮黄肉，阳面暗红晕，肉质软，纤维多，汁液丰富，甜酸可口，半黏核，甜仁，品质优良。平均单果重50克左右，最大果重达70克。适应性强，耐旱、抗寒、抗风、抗病。

开发利用状况：地方品种。梁山县古老名优资源，栽培历史悠久。全县2 000多亩杏林，百年以上杏树200多棵，马营杏占30%以上。目前，在水泊梁山脚下的民俗休闲旅游区、生态采摘基地、现代林业观光园等地广泛栽植，为踏青赏花游和生态采摘游提供了优良资源。

种质名称：新泰外峪油杏

采集地：泰安市新泰市青云街道外峪村

特征特性：性状稳定，自花结实率高，丰产稳产。果实6月中旬成熟，平均单果重26.3克，最大果重38克；果实表面光滑似披一层油脂；果肉橙黄色，韧、硬，味清香浓甜，富含香气，果实含可溶性固形物24%，总糖18.8%；离核，核光滑、壳薄，核仁饱满，出仁率42%。抗逆性强、适应性广、宜加工、耐储运。

开发利用状况：地方品种。当地实生杏变异而来，于1985年在新泰市外峪村被发现。目前，在新泰市栽培面积8 000多亩，苗木基地600余亩，栽培农户户均收入2.6万元以上。

种质名称：水杏

采集地：泰安市泰山区省庄镇安家庄村

特征特性：普通型杏，性状稳定，产量高，最高单棵产量达100千克。果实大，呈椭圆形，果肉为淡黄色，富含水分。成熟的水杏肉厚质细，汁多味美，轻咬一口，酸甜的汁液瞬间溢满唇齿间，甜度高且气味芬芳，离核，含有丰富的膳食纤维。

开发利用状况：地方品种。当地特有资源，种植面积90余亩，水杏的鲜果、干果及加工制品备受人们的喜爱。近几年，泰山区省庄镇安家庄村依托本村特有的地理优势和资源特色，以休闲农业为依托，开发利用水杏树的观赏和生态效益，大力发展第三产业，打造精品休闲采摘产业乡村游，纯收入达到40万元。

种质名称：荷兰香

采集地：威海市乳山市崖子镇泊乔家村

特征特性：6月下旬至7月上旬成熟，抽枝萌芽能力强，生长快，种植第二年可结果。果实近核处有湾水，平均单果重60克，较大果重90克；果实白熟期即可食、脆甜，完熟蜜甜，糖度16.7度，离核，口感甜而不酸；杏仁甜可食用。

开发利用状况：地方品种。最早由崖子镇泊乔家村书记引进，由于相较当地其他品种早产、早熟、早丰，受到了当地果农的喜爱，目前在诸往镇和崖子镇有50多亩种植面积。

种质名称：米黄杏

采集地：日照市东港区涛雒镇涛雒小学

特征特性：树势强健，树姿开张，高5～12米。6月中下旬成熟，果实发育期55天左右；产量较高，盛果期单株产量100千克以上。果实近圆形，果顶尖，微突，梗洼深狭。果皮薄，不易剥离，茸毛较少，果面淡黄色，阳面微红；成熟后具芳香，果肉黄色，肉质中粗，汁液较多，味酸甜适中，总糖含量7.7%；离核，核小，苦仁。

开发利用状况：农家品种。因其不耐储运，成熟后又容易落果，村民在房前屋后或空闲地块栽植，仅供自己食用。

种质名称：苦杏

采集地：日照市五莲县叩官镇大旺村

特征特性：因成熟后略带苦味，当地人称其为苦杏。植株抗逆力强；果实小，果直径1.5～2厘米，椭圆形；成熟后黄色，味酸微甜略带苦味，杏仁苦，不可食用。

开发利用状况：地方品种。少量生长在山村乡间，可作砧木，药用价值高，有待利用。

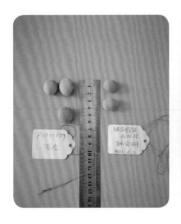

种质名称：老鸹枕头杏

采集地：德州市夏津县苏留庄镇左堤村

特征特性：比一般杏要大，结果数量少。果实成熟后淡黄色或微红色，半离核，果肉香气馥郁，甘中带酸，含有多种维生素，颇受人们喜爱。

开发利用状况：地方品种。栽培历史悠久。据明嘉靖本《夏津县志》记载，明朝初年境内即大量种植，清朝初年，城东北约15千米的小王庄设有大杏专市。如今，夏津县老鸹枕头杏种植数量不多，目前在左堤村只找到2棵，是一位老大爷在自家园子里种植，也有零星农户在自家杏树上嫁接老鸹枕头杏的枝条。

种质名称：十里香杏

采集地：德州市夏津县苏留庄镇前屯村

特征特性：花期3—4月，果期5—6月。果实中等大小，成熟后由黄色至红色，向阳部常具红晕和斑点；果肉暗黄色，口感酸甜，香气浓郁，离核。单株产量100千克左右。

开发利用状况：地方品种。栽培历史悠久，目前，在夏津县前屯村有大量种植，数量大概有560棵，与其他树种混合种植，其中成片覆盖面积20亩左右，果品销售到周边大中城市，经济效益显著。

种质名称：挂拉鞭子

采集地：滨州市邹平市黄山街道郎君村

特征特性：树高8米，树冠扁圆形，树皮灰褐色，纵裂；叶片圆卵形，长5～9厘米，宽4～8厘米，叶边有圆钝锯齿，两面无毛或下面脉腋间具柔毛；叶柄长2～3.5厘米，无毛。结实性强，满树都是杏，像蒜瓣子一样。果实小，口感甜、面，适合做杏脯。熟期较晚。

开发利用状况：农家品种。本地老树，在庭院中种植，数量不多。

种质名称：白巴答杏

采集地：菏泽市郓城县陈坡乡魏庄村

特征特性：又称白巴旦杏。优质、高产、稳产，易管理，每亩产量1 500千克左右。4月开花，白色、清香，6月中旬可收获。果实由里往外成熟，成熟后清香怡人，甜而多汁。果甜仁甜，果仁能止咳平喘，深受当地群众喜爱。

开发利用状况：地方品种。自古就有，无大面积种植。

种质名称：野生杏

采集地：济南市历城区高尔乡孙家崖村

特征特性：花期3月，果熟期10月，超晚熟。果实近球形，绿色，直径2～3厘米；果肉较少，味酸，果核大，杏仁甜。具有抗病、耐贫瘠的特性。

开发利用状况：野生资源。在济南市南部山区发现此种野生超晚熟、甜杏仁品种，可作为晚熟杏品种培育的种质资源。

种质名称：野山杏

采集地：聊城市茌平区肖庄镇田庄村

特征特性：果实鲜艳，皮薄，黄中透红；营养极为丰富，内含较多的糖、蛋白质、多种维生素以及钙、磷等矿物质；具有丰产、耐旱、抗寒、抗风、抗病、抗虫等特性。

开发利用状况：野生资源。数量少，果实不利于长途运输，主要是在当地销售食用。

欧李（*Prunus humilis*）

种质名称：早熟七月紫

采集地：济南市市中区陡沟街道陡沟村

特征特性：欧李的一个品种，灌木型果树，生于阳坡沙地、山地灌丛中，耐干旱，耐严寒。欧李又称钙果，所含的钙是天然活性钙，易吸收，利用率高，是老人、儿童补钙的最好果品。果实紫色、稍大，鲜艳诱人，果味鲜美可口。

开发利用状况：野生资源。传统中药郁李仁的主要来源植物，欧李有极强的固土保水作用，茂盛的枝叶也可为畜牧业发展提供良好优质饲草。

李（*Prunus salicina*）

种质名称：玉皇李

采集地：菏泽市东明县东明集镇李行村

特征特性：李子表皮呈黄色，果粉较多，银灰色。果肉清香、细腻、纤维少、汁液中多、味甜微酸、香气浓、冰糖味，离核、核小，可食率97%，含可溶性固形物10%～14%，品质上等。果实在生长期呈微黄、深黄、黄红3种颜色，果实平均单果重60克左右。果树一般存活期为30年，嫁接栽培。具有优质、高产、广适的特性。

开发利用状况：地方品种。据考证该品种由元朝开国皇帝带回中原，因品质佳、口感独特成为历朝进贡佳品，又名"玉皇李"。李行村在明朝就已开始种植玉皇李，现已有400多年的历史。目前，玉皇李栽种面积近300亩，每亩效益1.4万元左右，果农年收入60多万元，"玉皇李"已成为李行村脱贫致富的名牌优质农产品。

种质名称： 昌乐牛心香李

采集地： 潍坊市昌乐县乔官镇北展村

特征特性： 树高3～4米，树势强，树姿开张，树皮紫褐色，单叶互生，叶片呈卵圆形，两面无毛，花白色，3月上旬开花，7月下旬成熟。果实紫红色，形似牛心，腹缝线上微见沟纹。果肉橙黄色，黏核。具有早熟、丰产、优质、耐贫瘠、耐储运等优点，适应性强，可在山地、丘陵、平原等多种类型地种植。果实较大，平均单果重75克，最大单果重100克，香味浓郁，肉质细腻，多汁，可溶性固形物含量15%左右，核小，产量高，亩产1 250千克左右。

开发利用状况： 地方品种。潍坊市昌乐县于1985年选育成功，已有30多年栽培历史。目前，受外来品种及种植经济效益影响，种植面积不断缩小。

梨（*Pyrus bretschneideri*）

种质名称：鸭梨

采集地：滨州市阳信县金阳街道梨园郭村

特征特性：果实中大，一般单果重175克，最大者400克，皮薄核小，汁多味，石细胞极少，酸甜适中，清香绵长，脆而不腻，素有"天生甘露"之称。

开发利用状况：地方品种。有近千年的种植历史，梨园现有面积100余亩，古树2 000余棵，其中，100年以上树龄老梨树693棵、200年以上树龄老梨树100余棵。当地加大对古梨树保护和利用，借助百年梨园发展旅游业，培植龙头企业研发冰糖梨汁等40多个产品，带动鸭梨产业增值8 000万元。

种质名称：面梨

采集地：德州市平原县王打卦镇花园村

特征特性：树龄100年以上，耐贫瘠，高产，果实成熟后既面又沙，口感独特。

开发利用状况：地方品种。种植历史久远，清康熙年间就有种植。此次调查的梨树现在还是枝繁叶茂，经山东省果树研究所的专家推测，树龄至少在130年以上。现村内共有古面梨树432棵，面梨作为一个品种被保护种植，已成为该村的主导产业，种植规模600余亩。

种质名称：胎黄梨

采集地：德州市平原县王打卦镇花园村

特征特性：树龄长，肉质细脆，果汁多，味酸甜，易储存。

开发利用状况：地方品种。种植历史久远，此次调查发现的"梨树始祖"经山东省果树研究所的专家推测，树龄至少有600年。现村内共有460余年以上的老梨树130余棵，胎黄梨作为一个品种被保护种植，已成为该村的主导产业，种植规模300余亩。

种质名称：脆梨

采集地：东营市广饶县大王镇封庙村

特征特性：30年的梨树品种，果个头大，呈鸭梨状，口感好，有点面，不是很甜，果肉不渣，很细腻。

开发利用状况：农家品种。农户自家院落内栽种的1棵脆梨树，自食。

种质名称：西葛集白梨

采集地：菏泽市巨野县柳林镇西葛集村

特征特性：树势强，耐瘠薄。早春开花，花白色，农历8月中下旬成熟，果实短圆柱形，平均单果重250克，大果350～400克，较大者可达500克以上；白梨果大核小、果型美观、皮薄多汁、酥脆甘甜，果肉无渣。丰产性好，单棵盛果期产量250～300千克，耐储存，易于管理。

开发利用状况：地方品种。至今已有100多年栽培历史。现有果园占地17亩，现存梨树110棵，树龄60多年。单株年产值四五百元，在当地农村经济发展和农民脱贫致富中发挥了积极作用。

种质名称：金珠果梨

采集地：菏泽市郓城县陈坡乡魏庄村

特征特性：果实极耐储藏和运输，采收后在0～15℃条件下可贮藏5个月，保持质不变。果实长圆形，果皮有较强的韧性，收获时酸涩、坚硬，常温存放至春节后，梨肉质酥脆细腻，汁液丰富，味酸甜。高产、稳产，盛果期每棵产量300千克。具有显著的润肺止咳等保健功能。抗黑心病、炭疽病和腐烂病。

开发利用状况：地方品种。又称沙梨王，被人们誉为梨中珍品。现种植数量极少，陈坡乡林场老管理员为保留该资源已种植多年。

种质名称：李桂芬梨

采集地：济南市商河县殷巷镇李桂芬村

特征特性：梨树干周长2.1米；产量高，可年产梨250～300千克；品质好，甜脆可口，具有清心润肺、降血压、养阴清热的功效，可预防痛风、风湿痛和关节炎。

开发利用状况：地方品种。在李桂芬村庄后面，百年老树群生。目前，村内注册了多家家庭农场，开展采摘、观光旅游、农家乐等活动，还开发出李桂芬梨膏等产品，推动了乡村产业振兴。

种质名称：车头梨

采集地：临沂市沂南县马牧池镇西四堡村

特征特性：果长圆柱形，中间粗，类似过去木车轮中间的车头而得名"车头梨"；果面茶褐色，散生灰白色、小圆形、星点；果肉白色带浅黄，组织致密、果汁浓，很少有石细胞，口感脆甜、梨香浓郁；单果重80克以上，最大单果重260克。抗旱、抗瘠薄、抗病性强，极耐储运，润肺、止咳效果独特。

开发利用状况：地方品种。沂南县特有，据记载，明朝时期沂南县就有车头梨生产，经过当地数百年的栽培驯化形成，又称"长寿梨"。

种质名称：谢花甜梨

采集地：日照市莒县峤山镇周家坪村

特征特性：株高8.6米，树势弱，树冠开张，适应性强。果实不大，近球形，直径4～5厘米，但坐果后果实就可食用，不酸不涩味甜，甜度随时间慢慢增加；果实8月底成熟，前期绿色，后期褐色，甜度高，口感佳。抗虫能力强，病虫害极少，极耐涝，高抗贫瘠。

开发利用状况：农家品种。普查队在峤山镇一农户门外发现的该品种，目前已种植几十年，但是树干直径并没有很大变化，基本成型，全县仅发现4棵。

种质名称：中华梨

采集地：日照市莒县浮来山街道前石灰窑村

特征特性：树势健壮，枝条直立，4月上旬开花，果实较大，近圆形或椭圆形，单果重200克以上，8月上旬成熟，果实美观整齐，绿黄色，果肉白色，质脆，多汁，后期微甜，香气浓，亩产量达1 800千克；抗病虫能力较强。

开发利用状况：地方品种。栽培历史悠久，莒县普查队在一处原生产队果园内发现了几棵老梨树，其中有一种黄梨，当地老百姓叫中华梨，目前仅发现2棵，已栽植82年。

种质名称：黄金坠梨

采集地：泰安市宁阳县葛石镇鹿家崖村

特征特性：果皮厚，耐储运，果色金黄，果肉乳白色，味甜多汁，有香味。适应性强、耐寒、耐旱、耐瘠薄、抗病虫，易管理、稳产高产、营养价值高。

开发利用状况：地方品种。又名金坠子梨，产于宁阳县神童山半山腰，栽培历史悠久，距今已有1 000多年，2020年栽植面积2万亩，年产量1 500万千克，产品多为外销，供不应求。除生食外，还可加工梨汁、梨膏、梨干、梨脯、罐头及梨酒、梨醋等。

种质名称：三吉

采集地：威海市乳山市育黎镇塔庄村

特征特性：3月中旬前后开花，10月中下旬收获，果实大，平均单果重390克，大果500克以上。果实卵圆形或近扁圆形，果梗粗长。果皮厚，绿褐色，粗糙，果点大而密。果肉白色，质较细脆，致密，汁多，味甜。极耐储藏，普通条件下可储存至第二年4—5月。

开发利用状况：地方品种。最早从日本引进，1986年前后引种到乳山市，主要种植区域分布在育黎镇309国道沿线镇（村）。因三吉梨受梨木虱影响严重，近些年种植面积大约100亩，均为零星分布且自产自销。

种质名称：山阳大梨

采集地：潍坊市昌邑市饮马镇山阳村

特征特性：其状若马蹄，颜色金黄，因而又称"马蹄黄"。个大皮薄，汁多，嫩脆，气味芳香，酸甜可口，营养价值高，且易于久储。因其果大，单果重0.5千克有余，甚者可超2.5千克，所以人称"山阳大梨"。

开发利用状况：地方品种。山阳梨园被当地人称为"千年梨园"，元、明朝以来的有500多株，清朝以来的有3 000多株。近年来，山东省昌邑市饮马镇山阳村充分挖掘古梨园、博陆山、商周遗址、汉代文化等历史文化底蕴，大力发展乡村旅游和休闲农业，自2010年开始，每年在梨花盛开的时候举办一届梨花节，每届梨花节都吸引游人10余万人，开发了梨花水饺、梨花饼、梨花蜂蜜等特色小吃，带动周边2 000多户农户共同致富。

种质名称：隐士梨

采集地：潍坊市临朐县五井镇隐士村

特征特性：品质绝佳，皮薄如纸、核小如枣、色黄如金、味甜如蜜。尤其脆，用手掐着梨把，可以把梨子劈成四瓣。果肉是淡淡的乳白色，极细嫩，半透明，如无瑕之玉。梨味清甜浓郁，把梨子放在柜子里可以熏衣，带在身上可以熏身。

开发利用状况：地方品种。栽培历史悠久，栽植面积大，在菜园村、隐士村等10个自然村都有种植，仅树龄在100年以上的就有400多棵，树龄最长的达200多年。

种质名称：福山香水梨

采集地：烟台市福山区高疃镇肖家沟村

特征特性：品质上乘、果肉脆而多汁、香味浓、耐储藏。药效神奇，素有"百果之宗，天然矿泉水"的美称，是当之无愧的"绿色食品"。

开发利用状况：地方品种。具有近千年的历史，在肖家沟基本上家家户户种植香水梨，农民积累了丰富的种植经验，目前种植面积约500亩，全村共270户村民种植，占总农户数的80%。2017年1月，"香水梨"取得了国家绿色食品认证，同年烟台市福山区高疃镇肖家沟农民专业合作社为"香水梨"注册了商标。

种质名称：黄县长把梨

采集地：烟台市龙口市七甲镇七甲村

特征特性：4月中下旬开花，10月中旬成熟。果梗长，果皮薄，蜡质多，外形美观；果肉白色，味清香、色泽淡黄、清脆多汁，酸甜适中，刚采收时较酸，储藏后甜酸。适应性广，极耐储藏，可达7个月；耐贫瘠、耐干旱。

开发利用状况：地方品种。源自龙口市（原称"黄县"），据传最早种植于东江镇崔家村，已有270多年的历史。梨果可以加工制作梨脯、熬制梨膏等，也可用来酿酒、制醋。黄县长把梨曾是山东省唯一出口创汇的梨种。20世纪90年代前曾是龙口市东南部地区农民的支柱产业。但近年来由于市场、价格等原因，很多砍伐、换头嫁接别的品种，种植面积有所减少。

种质名称：莱阳梨

采集地：烟台市莱阳市照旺庄镇芦儿港村

特征特性：梨皮黄绿色，粗糙而有褐色锈斑，果形头粗尾细，萼部凹入，表面上并不美观，但去皮后擎着粗硬的果梗，宛如一支乳白色的雪糕，其肉质细嫩，清脆多汁，如若不慎掉落，落地即迸裂如水散，食之解渴消暑，不尽清凉；味道甘甜如饴，口感清脆香甜，有独特的风味，是梨中的上品。

开发利用状况：地方品种。仅莱阳市五龙河两岸若干亩产正宗莱阳梨，又名香水梨。据考查，迄今在莱阳市照旺庄镇芦儿港村梨园还有一株400多年的老梨树，树干生长仍很健壮，年产量300～400千克。2010年，莱阳梨产业从业人员为4.2万人，占该镇人口总数的80%，产业增加值为42 390万元，占该镇GDP的66.8%。

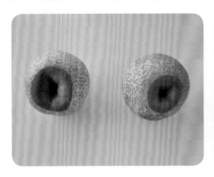 

种质名称：池梨

采集地：淄博市博山区池上镇西坡村

特征特性：果实呈卵形，一般单果重170克，最大者206克。果梗细长弯曲，锈色。果皮较厚，储后变薄，黄绿色，稍经摩擦即易变褐。果点大而稀，果面光滑洁净，果肉绿白色，果心小，可食部分大，石细胞小，质脆汁多，味浓甜。品质中上，储藏期可达250天。

开发利用状况：地方品种。主要分布于博山区池上镇，以虎林村、西坡村、泉子村、石臼村等村为主。近年来，博山区大力发展池梨种植，吸引了大量游客购买，经济效益可观。

种质名称：殷黄银梨

采集地：聊城市阳谷县寿张镇殷黄村

特征特性：果实银黄色，单果重300克左右，营养丰富，口味佳；含多种维生素、纤维素等，耐存放，常温下能存放4个月左右，如放在一定空间内能释放出大量特有芬芳气味。

开发利用状况：地方品种。当地特有，其生长年限100年左右，目前仅存有5棵。2020年被阳谷县作为古树名木后续资源进行保护，梨果既能生吃，也可以煮水或煲汤后食用。

种质名称：巨峰镇杜梨子

采集地：日照市岚山区巨峰镇吕家官庄村

特征特性：当地野生资源品种，多年生，具有抗病、抗旱、耐热的特性。

开发利用状况：野生资源，目前尚未开发利用。

枣（*Ziziphus jujuba*）

种质名称： 魁王枣

采集地： 济南市商河县殷巷镇高坊村

特征特性： 果熟期9月中旬，长2～3.5厘米，直径1.5～2厘米，成熟时红色，后变红紫色，核两端锐尖，扁椭圆形，长约1厘米，直径8毫米。产量高，一棵树可年产鲜枣100～150千克。鲜枣脆甜，口感好，糖度可达20%以上。干枣肉厚，糖丝金黄，品质佳，又称"魁王金丝小枣"。营养价值丰富，成熟的大红枣含有天然的果糖成分，还含有维生素C、维生素B_1、维生素B_2等多种人体需要的微量元素。具有抗旱、耐贫瘠、抗病虫害的特性。

开发利用状况： 地方品种。在高坊村5 000多棵枣树中，有1 100多棵老树，树龄最高达600余年，树干周长1.8米，枣林已经成为当地非常著名的旅游景点，每年吸引大量游人前来游玩，对当地经济起到了很大的带动作用。魁王枣可鲜食也可制成干果或果脯等。此外，魁王枣花小、蜜多，是一种优异的蜜源植物。

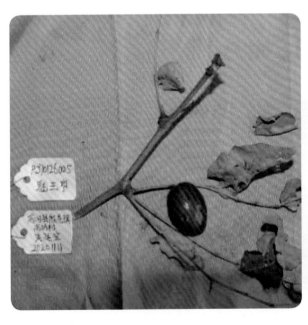

种质名称：仲秋红大枣

采集地：济南市历城区仲宫街道门牙村

特征特性：核果矩圆形，长3~4厘米，直径2~3厘米，大枣成熟时硬度较强，耐储存，冷冻后可储存一年。果实红色，果肉绿白色，肉质厚，质地硬脆，汁液中多，清甜味浓。蒸食后口感更佳，同时也是加工枣泥、枣糕的上等原料。耐干旱、耐瘠薄、耐盐碱、抗逆性强，抗枣疯病，成熟时遇雨不裂果。

开发利用状况：地方品种。在本地原有品种的基础上选育而来，目前，在济南市南部山区有1万亩种植基地，种植大户以基地为依托，成立了合作社，建成了大枣标准化生产示范区，成为带动当地农民脱贫致富的主导产业之一。

种质名称：高维酸枣

采集地：济南市历城区仲宫街道门牙村

特征特性：果熟期为9月上旬，属极早熟品种。每个枣吊通常结果1~4个，最多6个，丰产性状突出。果实近椭圆形，平均纵径2.5厘米，横径2.1厘米，大小均匀，果面光滑，完熟后呈深玫瑰红色，皮薄质脆、肉厚核小、口感脆甜、品质极佳，具有优质、丰产、抗逆性强、适应性广、综合性状优良等特点。

开发利用状况：地方品种。在本地原有品种的基础上选育而来，是济南"高维C大酸枣"优良栽培系列品种之一。有较高的营养、保健价值，鲜食和加工均可，适合在全国枣适种区栽培，大棚保护地栽培成熟期更早，经济效益更佳。

种质名称：圆红枣

采集地：泰安市宁阳县葛石镇黑石村

特征特性：果实硕大，呈椭圆形，色泽深红，皱纹粗浅，富有弹性，肉质肥厚，营养丰富，味甘甜，口感细腻，香甜软绵，余味纯香，鲜枣蒸后更佳，能拉出金丝。鲜枣每100克枣肉中含维生素C27毫克以上，居群枣之首，被称为"天然维生素丸"，1982年被列为国家保健枣。

开发利用状况：地方品种。栽培历史悠久，最早见于《鲁颂》。如今，种植面积5 000亩，主要分布在葛石镇山区丘陵地带，产量175万千克，产值上亿元。当地创建了3 000亩的科技育枣示范基地，举办"电商淘枣节"，把大枣从传统集市搬到线上，开展线上鲜枣销售，同城预售。开发了好运枣园、孔子望枣、观光塔、圣母献枣、枣花湖等景点，年接待游客60余万人次。

种质名称：磨盘枣

采集地：德州市临邑县德平镇王赞恒村

特征特性：果实中等大，中部有一条缢痕，缢痕的上部大，下部小，形似石磨，果形奇特美观，适宜观赏；果肉较厚、味淡、汁液少，适宜制干。具有抗虫、耐盐碱、抗干旱的特性。

开发利用状况：地方品种。在临邑县有零星种植，有的树龄近200年，著名的观赏品种，是庭院里一道亮丽的风景。

种质名称：牛奶子枣

采集地：德州市临邑县邢侗街道塘坊村

特征特性：果实长卵圆形，多向一侧歪斜，果顶乳头状；果面光滑，果皮薄，着色后紫红色，较深。果肉绿白色，成熟后落地易碎，鲜食质地细腻酥脆，纤维少，味甘甜，略酸。具有高产、优质、适应性广的特点。

开发利用状况：地方品种，在临邑县邢侗街道和临盘街道均有零星种植。

种质名称：无核枣

采集地：德州市陵城区糜镇东刘村

特征特性：树姿开展，树高12米，树干直径超50厘米。9月中下旬成熟，果实长圆形，大小整齐，果柄较长，果面平、整洁，果皮薄，色泽鲜红，有亮泽，不裂果。枣果一般为4.5克，最大为8～10克；果肉黄白色，质地致密，汁液中多，食之肉细脆甜，鲜食品质上等。

开发利用状况：地方品种。又叫空心枣、虚心枣，在陵城区的部分村庄栽培悠久，刘村的无核枣树，树龄100年以上，有广泛的开发和利用价值。

种质名称：紫枣

采集地：德州市陵城区糜镇张成吾村

特征特性：无毛紫枣，形似铃铛，又叫紫铃枣。中熟品种，树身矮，树冠大，成熟的枣紫红色，球形、肉厚，味道甘甜可口。枣树适应性强，即使在盐碱、干旱的地方，也能结出累累硕果。

开发利用状况：地方品种。在陵城区的种植历史悠久，主要生长在房前、屋后、沟边和路旁，部分树龄达100年以上。目前每个村庄都有零星种植，全区种植规模有2万多株。果实主要为农户自己食用。可以生吃，也可以熟食，也可以晒干后储藏，还可以制成爽口的"酒枣"。

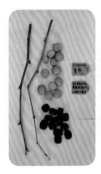 

种质名称：圆铃大枣

采集地：聊城市茌平区肖庄镇许庄村

特征特性：形似圆铃，故名圆铃大枣。皮色紫红，较一般枣个大，肉厚核小，味美甘甜，营养丰富，含有大量的蛋白质、维生素、糖分及钙、磷、铁等人体必需物质。鲜枣每100克枣肉中含维生素C高达380~600毫克，居百果之首，富含维生素B。适宜晒干果，干果煮过后甜度大，口感好。

开发利用状况：地方品种。主要产地为茌平区肖庄镇、博平镇一带，已有2 000多年的栽培历史。目前，全区种植面积大约2 500亩；红枣既可鲜食，又可晒干加工熏制。用鲜红枣熏烤而成的乌枣，早在清代就畅销大江南北。

种质名称：沾化冬枣

采集地：滨州市沾化区

特征特性：树体、树势及发枝力强，分枝多、干性强。嫩梢前期为浅绿色，后期为紫红色。多年生枝条，坐果率高，负载量大，枣吊12～30厘米，13节左右，旺树吊长达41厘米以上。果实近圆形，果顶较平，平均单果重14.6克，最大单果重60.8克。果面平整，果皮薄，赭红色，富光泽，果肉乳白色，核小。鲜食口感甘甜清香，甜酸适口，质脆且肉质细嫩多汁，啖食无渣，含糖量高，富含维生素等多种营养物质。

开发利用状况：地方品种。1984年全国林业资源普查，在农家庭院发现了56棵散生的老冬枣树资源，经过30多年的发展，冬枣成为富民兴县的支柱产业。目前全区种植面积30万亩左右，总产量30.5万吨左右，产值45亿元。

种质名称：圆铃枣

采集地：滨州市邹平市码头镇邵家村

特征特性：果实皮薄、硕大、不裂果，果肉肥厚、肉质脆、多汁液，酸甜适口，细腻扯丝，营养丰富；制干后果皮坚韧、肉质致密、富有弹性、含水量低，制干率在50%以上，干物质含糖量73.5%～76%。每棵产鲜枣可达160千克。

开发利用状况：地方品种。栽培历史悠久，最早可以追溯到清朝，种树传统历百年而不衰。村中100年以上枣树有500余棵，现存树龄最长的枣树已有400余年（枣树之王），至今依然挂果。用优质圆铃枣制成的干枣、蜜枣、乌枣，以优质、营养药用价值高，深受广大客商欢迎。目前，码头镇有枣园500多亩，枣树1.3万株。当地正依托黄河，开发圆铃枣采摘旅游服务，打造休闲旅游名镇。

种质名称：沾冬2号

采集地：滨州市沾化区

特征特性：树干直立，树皮鳞状裂，当年生枝条棕褐色，皮目大而稀疏，枣吊比较短，叶片宽卵圆形，叶片大而厚，叶色浓绿，花蕾大，果实扁圆形，苹果状，个体大，色泽赭红光亮，营养丰富。皮薄肉脆，口感好，含糖量高，营养丰富。

开发利用状况：地方品种。2005年3月至2009年10月，经沾化区冬枣研究所选育与开发，目前，沾化区境内推广面积4万余亩。

种质名称：龙枣树

采集地：菏泽市成武县伯乐集镇小郭庄村

特征特性：落叶灌木，树高10余米。主干灰褐色，发育枝红褐色，"之"字形曲折，枝干及吊均都弯曲下垂，树形奇特，自然盘曲蜿蜒，左弯右拐，长势如游龙，栩栩如生，故名龙枣。水平根具有繁殖新植株的能力，每一单位根都能产生新植株；叶小而厚，果实较小，形状为柱形且稍弯，大小均匀。单果重7克左右，皮薄肉厚，质脆，汁少，味甜。果实可鲜食，也可制干用。适应性强，抗病虫，抗干旱，耐盐碱。

开发利用状况：地方品种。该树有100多年树龄，相传是清末年间经商从外地带来种植，具有一定的观赏价值，是目前庭院美化、绿化及用作室内盆景的首选。

酸枣
（*Ziziphus jujuba* var. *spinosa*）

种质名称：酸枣

采集地：聊城市莘县徐庄镇武庄村

特征特性：果实小，产量高；果实口感独特，酸中带甜，营养丰富，富含微量元素和维生素C。

开发利用状况：地方品种。酸枣树大多只有在老宅子存在，树龄多在几十年以上，在物质匮乏的年代，是当地老百姓不可多得的美味。现在未开发利用，仅作为种质资源保存。

种质名称：酸枣

采集地：滨州市博兴县乔庄镇东冯村

特征特性：长期生长在干旱的地方，自然条件下生长力非常强，高1~4米，花期6—7月，果期8—9月。果实比普通大枣要小得多，椭圆形，熟透后红色，皮厚肉薄，长0.7~1.2厘米，味道酸甜适中，营养丰富。

开发利用状况：地方品种。数量很少，个别果农的枣树嫁接需要酸枣树作为砧木，能够增强枣树的抗病性，提升枣树的适应能力。

种质名称：无棣大杨酸枣

采集地：滨州市无棣县车王镇大杨村

特征特性：株高3～5米，果实红色，果顶端较圆，苹果形，中等大小，果肉酸甜可口，肉质肥厚，可鲜食也可干食。营养价值较高，果实可作为食品，枣仁可作中药材。耐盐碱，根系发达，较抗旱，在较贫瘠的土壤里仍能正常生长且产量较高。

开发利用状况：地方品种。酸枣的变异种，有100多年的种植历史，最初由鸟、禽类食用野酸枣后带来，后经当地栽培种植演变而来。近年来酸枣价格偏低，加工产品的企业缺乏，因此果农大量砍伐，目前仅剩几十棵。

种质名称：陈古庄古酸枣

采集地：临沂市蒙阴县桃墟镇陈谷庄村

特征特性：陈谷庄村的这棵酸枣树树龄约400年，树高5米，错节盘根。据村民介绍，每逢秋季，暗红色的小酸枣像袖珍灯笼似的挂满枝头，绿叶红果，煞是好看。结出的酸枣皮薄核大，味道酸甜。酸枣含维生素C，在各类水果中属佼佼者。

开发利用状况：地方品种。目前，已作为古树进行编号登记保护。

种质名称：九仙山山枣

采集地：济宁市曲阜市吴村镇平坡村

特征特性：树皮灰褐色，有长枝、短枝和无芽小枝。花期5—7月，果期8—9月。花黄绿色，结果性强，果圆形，成熟时红色，后变红紫色，枣味酸甜。适应性强，耐旱、耐寒、耐碱、耐贫瘠、抗病。

开发利用状况：野生资源。人工驯化栽培困难，产量较低。目前，仍然是零星自然分布，没实现规模化种植和开发利用。

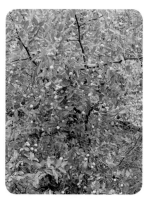

种质名称：野生酸枣

采集地：滨州市无棣县信阳镇郭来仪村

特征特性：树势较强，枝、叶、花的形态与普通枣相似，但枝条节间较短，托刺发达，除生长枝各节均具托刺外，结果枝托叶也呈尖细的托刺。其适应性较普通枣强，花期很长，可为蜜源植物。叶小而密生，果小，椭圆形，果皮厚、光滑、紫红色，肉薄，味酸，种仁饱满。具有耐盐碱、抗旱、抗寒、耐贫瘠、适应性广的特性。

开发利用状况：野生资源。种子繁殖，是培育酸枣品种的优质种质资源。酸枣营养价值较高，果实可作为食品，枣仁可作中药材。

石榴（*Punica granatum*）

种质名称：百酸1号

采集地：枣庄市台儿庄区马兰屯镇山东百斯特机械制造有限公司院内

特征特性：树姿半开张，树高2.5～3米，骨干枝扭曲分枝，萌芽力中等，成枝力较强。叶长卵圆形，叶尖钝尖，叶色浓绿；花红色、单瓣，萼筒短，萼片半闭合至半开张。果实个小，圆球形，整体面红晕，萼洼稍凸，单果重260克左右，果皮厚2～3.5毫米，百粒重23～31克，籽粒白色，呈小方形，味酸浓。

开发利用状况：地方品种。栽培历史20多年，目前在马兰屯镇山东百斯特机械制造有限公司院内作为观赏苗木，共种植6棵。

种质名称：峄城大青皮甜

采集地：枣庄市峄城区榴园镇贾泉村

特征特性：鲜食品种，大型果，果实扁圆球形，果皮黄绿色，向阳面着红晕，果肩较平，萼洼稍凸，果型指数0.91，果皮厚2.5～4毫米，一般单果重500克，最大单果重1 520克，百粒重32～34克；籽粒鲜粉红色，可溶性固形物含量14%～16%，甜味浓，汁多。营养丰富，维生素C比苹果、梨高1～2倍。

开发利用状况：地方品种。成熟后，全身都可用，果皮可入药，果实可食用或压汁。主要分布在枣庄市的

峄城区、薛城区、市中区、山亭区等，泰安市、济宁市、临沂市、烟台市等地也有零星种植；在河北省石家庄市元氏县表现优异。推广面积7万余亩，产值超5亿余元。石榴产品有石榴茶、酒、饮料、盆景、医疗保健品、化妆品、籽油等。

种质名称：峄城重瓣玛瑙

采集地：枣庄市峄城区榴园镇贾泉村

特征特性：树体高大，干性较弱；多年生枝灰白色，一年生枝浅灰色；叶片长椭圆形，叶色淡绿；花红色，有黄白色条纹。花大、量多，花萼肥厚，5—10月开花，极富观赏价值。

开发利用状况：著名的观花石榴品种。又称千瓣彩色石榴、千层彩石榴、重瓣彩色石榴，栽培历史较长。目前仅发现1个品种，暂未见果实，栽培数量较少。在枣庄市石榴盆景、盆栽爱好者家中，作为观赏品种应用在石榴盆景、盆栽产业中。

种质名称：峄城三白甜

采集地：枣庄市峄城区榴园镇贾泉村

特征特性：树体较小，一般树高2.5米，树冠不开张，在自然状态下树冠呈扁圆形；叶片披针形，叶尖渐尖，叶基楔形；花白色、单瓣，萼片闭合至半开张；中型果，果实圆球形，果肩陡，表面光滑；百粒重38克，籽粒白色，味甜而软，可溶性固形物含量15.5%。其花似雪，皮似玉，籽如冰，食之甘甜赛冰糖，口感极佳，备受喜爱。

开发利用状况：地方品种。主要分布在枣庄市的峄城区、薛城区、市中区、山亭区等地，栽种面积3 000余亩，产值2 400余万元。

种质名称： 峄城冰糖冻（碧榴）

采集地： 枣庄市峄城区榴园镇王岗山村

特征特性： 果实近圆形，果个均匀，果肩平，果面光洁，果皮青绿色，萼洼基部较平，果型指数0.93，平均单果重437克。籽粒粉红色，平均百粒重36克，可溶性固形物含量15.6%，鲜果出汁率43.9%。果实发育期120天左右，9月下旬成熟。树体抗寒。

开发利用状况： 地方品种。由枣庄市石榴研究中心选育，2020年12月通过山东省林木品种审定委员会审定。在枣庄市峄城区、薛城区等地都有种植，主要作为抗寒砧木，嫁接其他鲜食良种。

种质名称： 秋艳

采集地： 枣庄市峄城区榴园镇贾泉村

特征特性： 种仁软、可食，籽粒粉红色，透明，多汁，酸甜可口；平均单果重450克，最大单果重600克，平均百粒重73.86克；平均可溶性固形物含量16.4%，鲜果出汁率49.6%。

开发利用状况： 地方品种。由枣庄市石榴研究中心选育，目前山东省、河南省、安徽省等地推广面积2万余亩，产值2亿余元。应用于果品鲜食市场，受到种植者、销售者与消费者的普遍欢迎，秋艳已逐渐成为北方石榴更新换代的首选品种。

种质名称：峄城青皮岗甜

采集地：枣庄市峄城区榴园镇贾泉村

特征特性：中熟纯甜型品种，树高3米，树冠半开张，干性强，连续结果能力强；叶片中等大小，叶色淡绿，叶尖钝尖，向正面纵卷；花红色、单瓣，萼筒较短；中型果，果实圆球形，果肩陡，果面光滑，有5~6条明显果棱，果面黄绿色，阳面有红晕，梗洼稍鼓，萼洼平，果型指数0.9，单果重350克左右，果皮厚0.3厘米，心室9~10个，每果有籽538~985粒，百粒重38~40克；籽粒粉红色，石榴口感好，汁多、味纯甜，可溶性固形物含量15%~16%。其抗寒性、抗逆性、抗病性表现突出，适应能力强，耐瘠薄干旱、易丰产。

开发利用状况：地方地种。峄城区主栽品种之一，主要分布在枣庄市峄城区、薛城区等地。推广面积3 000余亩，产值2 500余万元。

种质名称：泰山红石榴

采集地：泰安市泰山区泰前街道白马石村

特征特性：9月底成熟，因石榴个大、皮薄，色泽鲜艳，光洁喜庆，籽粒晶莹饱满而远近闻名，单果重400~800克，最高可达980克；口感甜而多汁，富含维生素C及维生素B。具有抗病、抗虫的特性。

开发利用状况：地方品种。种植历史久远，早在500年前泰山区一带就有种植，主要产于白马石村。目前种植面积180亩左右，多是家家户户分散种植，由农户组团成立红石榴专业合作社，并建成了交易市场，加上推出乡村"采摘游"，泰山红石榴产值已达60万元。

种质名称：胭脂红石榴

采集地：泰安市泰山区泰前街道白马石村

特征特性：早熟品种，成熟于9月中旬。成熟过程中果皮先白后变红，成熟后果皮呈淡红色，皮薄但不易开裂，耐储藏。籽粒大而饱满，汁水充足甜度高。富含维生素C及维生素B、氨基酸、抗氧化成分等。一般情况下，胭脂红石榴盛果期每亩产量2 000千克左右，高的可达2 500千克左右。

开发利用状况：地方品种。在泰山区已有500多年的种植历史，种植历史较为久远，主要产于白马石村，种植面积约80亩。目前胭脂红石榴主要用于采摘、食用，部分农户还会用于酿制石榴酒。

种质名称：满口酸石榴

采集地：威海市荣成市寻山街道寻山所村

特征特性：果皮淡红，内部籽粒晶莹剔透，鲜红多汁，果味酸甜爽口；其树形态优美，花朵鲜艳，深受群众喜爱。

开发利用状况：地方品种。本地种植历史较长，分布较广，但种植面积较小，未形成规模种植。分为食用和观赏两种用途，有古树收藏爱好者收藏老树作为观赏景观树，农村院落常种植1～2棵。

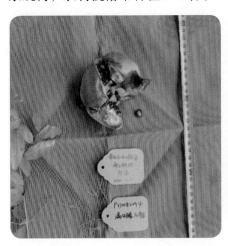

种质名称：岌山白白石榴

采集地：临沂市临沭县郑山街道南右新街

特征特性：树高4.8米，树冠4米有余，花白色。果实成熟晚，大小不一，中小型，单果重150～200克；耐高温、耐储存。果皮白色，厚韧性强不易炸裂；籽白色，籽粒完全成熟后略带红，果汁含量很高，味道酸甜，富含果糖、多种酸性成分及维生素和矿物质。

开发利用状况：原属于野生品种。抗逆性强，果实在冬季还有挂在枝条上不掉落的，后村民在岌山上发现该石榴树后移植到农家院内种植。由于该品种比较独特，种植面积非常小，在市场上很难见到。

 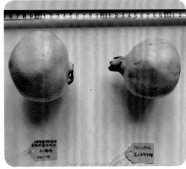 

种质名称：酸石榴

采集地：德州市宁津县大柳镇小郭村

特征特性：因果实味酸而得名。植株适应能力强，对生长环境要求低，栽植易成活；石榴花颜色鲜艳，可用于观赏。具有耐盐碱、抗旱、耐寒、耐贫瘠的特点。

开发利用状况：地方品种。栽种历史悠久，大面积推广栽种时间超20年。是农户院子最常栽种的果树之一，其苗木多用作荒山、小区、道路绿化，深受人们喜爱。目前在大柳镇小郭村、张斋村等区域栽种面积较大，超1 000亩，苗木销售范围涉及除东北三省外的全国大部分地区，亩经济效益近5 000元，有力地带动了当地农业特色产业发展。

种质名称：冰糖石榴

采集地：聊城市东阿县陈集镇李庙村、刘集镇前苫山村

特征特性：果大皮薄，因其白皮白粒，籽粒洁白如玉且晶莹剔透，汁多脆甜，甘之如饴，甜度可以和突尼斯石榴相媲美，能达到18%，甚至更高，故被当地老百姓称为冰糖石榴。

开发利用状况：农家品种。石榴多籽粒，寓意"多子多福"，农民多在自家院子里种植石榴树，目前共发现14株。

种质名称：黄花石榴

采集地：聊城市高唐县姜店镇东白村

特征特性：落叶乔木，树冠紧凑。枝条粗壮，多年生枝灰褐色，叶大，宽披针形，叶柄短；大果型石榴，果实近圆球形，果皮黄白色，果面光洁而有光泽，外观极美观；皮薄，可用手掰开食用，籽粒中等，白籽、汁液多，味浓甜，白籽甜度高达15.6%。

开发利用状况：农家品种，多作观赏树和庭院果树种植。

种质名称： 牡丹石榴

采集地： 菏泽市牡丹区高庄镇冯庄村

特征特性： 易栽培，适应性极强；开花早、花朵大、花量多、花期长，花鲜红色，形如牡丹，最大直径可达15厘米，温度越高开花越多，能耐40~45℃的高温。花蕊随时间推移，由红变白、变紫，花重瓣层层叠叠，宛如彩霞中点点白鹭点缀其间，异常美观。果实大，一般单果重达500克左右，最大单果重达1 150克。果色呈红色或黄里透红，籽粒红色透亮，味甜微酸，口感好，营养丰富。

开发利用状况： 一种花朵硕大的观花石榴品种。最早在菏泽市选育成功，经过多年的推广试种，已经得到了市场的认可，不仅在山东省销售，还远销至河南省、江苏省、浙江省、广东省、四川省等地。除了常见的开红花品种外，还有开黄色花、白色花及三色花的牡丹石榴。可用于普通绿化工程，也可用于别墅或高档住宅小区，起到美化环境的作用。

葡萄（*Vitis vinifera*）

种质名称： 六月紫

采集地： 济南市市中区陡沟街道陡沟村

特征特性： 果穗中大，平均穗长17厘米，穗重约350克，最大700克，圆锥形，有小副穗，果穗紧密。百粒重约400克，最大百粒重520克，圆形，整齐，紫红色，有玫瑰香味，果皮厚，果肉软，皮略涩，浆果多汁。果实成熟一致，无落粒现象。果实5月上旬开始着色，5月下旬成熟。具有抗病、抗虫、耐贫瘠的特性。

开发利用状况：地方品种。1985年从山东早红葡萄单株中发现并选育出的早熟自然芽变，该芽变除保留了山东早红的部分优良性状，其成熟期明显早于山东早红。1990年正式定名为六月紫。六月紫葡萄刚开始推广时种植面积较大，后期逐渐减少。近几年，本地只有几户种植，虽然销路很好，但产量低，市场占比较小。

种质名称：长沟葡萄

采集地：济宁市任城区长沟镇王庄村

特征特性：树势健壮，叶片大。果穗圆锥形，紧密度中等。开花结果较早，5月下旬开花，8月下旬至9月下旬结果。单穗400～800克，单果重10～15克，亩产1 500～2 000千克。果实球形，果粒大，紫红、色艳、皮薄、肉厚、质软多汁、酸甜可口。营养价值高，含糖量高达10%～30%，含有矿物质钙、钾、磷、铁以及多种维生素等。具有抗旱、耐寒、丰产性好、品质好、耐储运等特性。

开发利用状况：地方品种。长沟镇有3 000余种植户，以"公司+合作社+农户"的运作模式发展葡萄种植，种植面积达1万亩，年产值1.3亿元，畅销省内外。

种质名称：*老葡萄*

采集地：临沂市沂水县泉庄镇马头崖村

特征特性：果实球形，直径1.5～2厘米，相对于其他葡萄品种而言，个头略小，口感更酸一点；葡萄成熟前为青绿色，成熟后颜色偏紫，并且有一些暗度，着色均匀，哑光质地，果肉绿色晶莹；亩产1 250千克左右。

开发利用状况：地方品种。在沂水县西部丘陵山区的黄山铺镇、崔家峪镇、夏蔚镇、高庄镇有部分零星种植，大概50亩，主要是外地的经销商来收购，用作葡萄酒的原料。

种质名称：*牛筋葡萄*

采集地：菏泽市郓城县黄集镇曹洼村

特征特性：4月中旬种植，7月下旬收获，属早熟品种。成熟后的果实为绿色，口感甜，皮薄多汁，晶莹剔透。

开发利用状况：地方品种。果农已种植40年，但不耐运输，由此影响其销售，种植面积较小。

毛葡萄
（ *Vitis quinquangularis* ）

种质名称：毛葡萄

采集地：威海市环翠区温泉镇张家山村正棋山

特征特性：叶背面密被茸毛，叶卵圆、长卵状椭圆形或五角状卵形，叶柄长2.5～6厘米，密被蛛丝状茸毛；圆锥花序疏散，分枝发达，果序圆锥状，小型；果熟期10月，果实成熟后紫黑色，酸甜可口。

开发利用状况：野生资源。本地尚无栽培食用，是葡萄育种的良好亲本，具有潜在的开发利用价值。

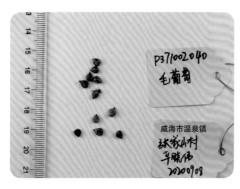

种质名称：山葡萄

采集地：威海市环翠区温泉镇张家山村正棋山

特征特性：叶背面疏被茸毛；叶宽卵圆形，长6～24厘米；叶柄长4～14厘米，被蛛丝状茸毛；圆锥花序疏散，基部分枝发达，长5～13厘米，果球形，直径1～1.5厘米；果熟期10月，成熟时黑色，酸甜可口。

开发利用状况：野生资源。本地尚无栽培食用，是葡萄资源育种的良好亲本，具有潜在的开发利用价值。

种质名称：小果野葡萄

采集地：日照市五莲县松柏镇九仙山

特征特性：果小，结果多，成熟后紫黑色，直径约0.8厘米。味酸，微甜，维生素C含量极高。具有抗病、抗寒、耐瘠薄等特点。

开发利用状况：野生资源。生于山野，多被挖取扦插，嫁接其他葡萄品种，是优良的抗寒砧木；果实可用来酿酒或制作饮料，有待开发利用。

山楂
（*Crataegus pinnatifida*）

种质名称：大货山楂

采集地：济南市历城区柳埠街道三岔村

特征特性：落叶乔木，高1～3米。果实扁圆形、较大，成熟后表面粗糙、色泽鲜艳，口感较酸。结果性强、产量高、抗病、适应性强，大多以当地野生的山楂石榴子为砧木进行嫁接繁殖。

开发利用状况：地方品种。种植历史近200年，在济南市南部山区柳埠街道三岔村、川道村种植的比较集中，面积约5 000亩，年产量200余万千克，是制作冰糖葫芦、糖霜山楂、山楂糕等食品的上好原料，目前成为带动当地农民脱贫致富的主导产业之一。

种质名称：大金星

采集地：青岛市莱西市沽河街道西张家寨子村

特征特性：树龄120余年，是目前村里最老的一株山楂树，胸围1.6米，树高12米左右，树冠面积约100平方米，果实个大，单果重20～25克，色泽鲜艳，山楂甜度很高，吃起来甜中带酸，耐存储，耐运输，现在每年约能产果300千克。

开发利用状况：地方品种。栽培历史悠久，全市皆有种植，据《莱西县志》记载，20世纪80年代末期最高峰面积曾达到6万亩，年总产量达到2 500余吨，是山东省第二大山楂生产县。目前仅在沽河街道与院上镇交界的大沽河两岸种植，100多棵百年以上的山楂树散生在沽河街道西张寨子村和中赵格庄村的河滩上，成为果园的"招牌"。

种质名称：邹东山楂

采集地：济宁市邹城市香城镇詹邱村

特征特性：树高3～5米，树皮粗糙，灰褐色；小枝圆柱形，当年生枝紫褐色，老枝灰褐色；花期5—6月，果期9—10月。果簇生，极易结果，果实近球形，直径1～1.5厘米，深红色，有浅色斑点。果实个大圆红，酸味浓、面沙，耐储运。含有丰富的维生素及多种微量元素。适应性强，耐旱、耐寒、耐高温。较抗花腐病、白粉病、山楂红蜘蛛、桃小食心虫等病虫害。

开发利用状况：地方品种。种植历史悠久，百年山楂树到处可见，是济宁市著名的山楂之乡。20世纪80—90年代，香城镇已营造3万亩山楂林，全镇种植山楂树近百万棵，人均山楂树20棵。现在年产山楂50万千克。目前，在邹城市香城镇等地已建起多家山楂加工厂，生产山楂片、山楂糕等产品，销往省内外。

种质名称：甜红子山楂

采集地：泰安市新泰市刘杜镇南流泉村

特征特性：10月上旬成熟，果个中等，单果重15克左右；品质较好，外表鲜红，肉质粉红，外表光滑，有细小的白斑；口感清甜微酸，绵软细腻，尝起来很独特，营养价值高；尤抗山楂白粉病。

开发利用状况：地方品种。距今已有230多年的发展史，目前，全镇山楂种植面积2.3万亩，其中盛果期9 000亩，年产山楂1 000万千克以上，可实现销售收入1.2亿元；各类储存、销售业户已达到50多家；建成环龟山、龙华、迪子峪、黄义四大"甜红子"山楂产业园和无公害山楂制品生产基地，成功开发生产了山楂球、山楂果、山楂条、山楂汁、山楂果酒等山楂系列产品，带动当地农民致富增收，取得了可观的经济效益。

种质名称：野山楂

采集地：济南市历城区彩石街道康井孟村

特征特性：落叶灌木，高1～5米。果实近圆形，单果偏小，成熟果颜色鲜艳，红色，口感偏酸。

开发利用状况：野生资源。在济南市南部山区一带分布广泛，大多作为其他山楂品种的砧木。

种质名称：黄金果

采集地：枣庄市山亭区徐庄镇老君堂村

特征特性：果树适应性极强。5月上旬开花，果实成熟期比较晚，10月下旬至11月上旬成熟。伞房花序，具多花，倒卵形，花瓣白色。果实近球形，平均单果重8克左右，果实色泽金黄，酸味小。

开发利用状况：野生资源。适宜栽培范围较广，对土壤条件没有特殊要求，旱薄山地栽培也可丰产。目前嫁接的有500株左右，总共种植面积近20亩。可鲜食，可作果脯、果糕，也可制干后入药。

榅桲（*Cydonia oblonga*）

种质名称：香楂树

采集地：泰安市东平县沙河站镇董堂村

特征特性：树高可达8米，4—5月开花，白色花，香味浓郁；10月结果，果实被茸毛覆盖，果实芳香，味酸，可供生食或煮食。生命力顽强，抗寒性强，既不怕干旱，也不怕潮湿，在含沙粒丰富的肥沃壤土上栽培生长最适宜。

开发利用状况：农家品种。此树有400年的树龄，木质已受损严重。果实芳香，当地人常用来放衣柜里熏衣服，保持香味持久，当地称此树为"香楂树"。

核桃（*Juglans regia*）

种质名称： 核桃王

采集地： 泰安市岱岳区下港镇木营村王家庄

特征特性： 该树主干围长3米有余，高20米，五枝分杈，树冠遮阴盈亩，盛果期年可产干果超250千克，1993年一场大风损其南面两股大枝，但余枝仍枝叶繁茂，果实累累，年产干果超100千克。

开发利用状况： 地方品种。核桃王生长在王家庄村口处，清道光年间栽植，距今200余年，原并行种3棵，20世纪70年代损坏2棵，仅存1棵，1985年林业普查时，认定为泰山周边"最大、最早、年产核桃干果最多"的核桃树，遂称之为"齐鲁核桃王"。近年来，木营村村委大力发展生态民俗旅游，将"核桃王"打造成了知名景点，吸引大量游客到此游览观光，推进乡村振兴发展。

种质名称：昌紫核桃

采集地：潍坊市昌乐县五图街道谢家山村

特征特性：树高3～5米，树型开阔，羽状复叶，5月开花，8月收获。树体黑褐色，叶片、果实、外果皮颜色均为紫色，核桃仁内皮为紫红色，色素含量高，品质优良，该品种除食用价值外，还具有一定观赏价值。

开发利用状况：地方品种。发现于潍坊市昌乐县五图街道，为农户在种植时发现的突变芽体培育所得。昌紫核桃因叶片、果实外皮颜色均为紫色而与其他核桃品种有所区别，但目前因繁育数量不多，未得以推广利用，仅在农户苗圃中有几十棵。

种质名称：艾山老核桃

采集地：济南市钢城区艾山街道中施家峪村

特征特性：果实皮薄肉多，含有丰富的维生素，口感更香。具有优质、抗旱、广适的特性。

开发利用状况：地方品种。树龄60年以上，在艾山街道中施家峪村广泛种植。目前，核桃多为初加工后，销往市场零售。

胡桃楸
（*Juglans mandshurica*）

种质名称：楸子

采集地：青岛市即墨区田横岛旅游度假区泊子村

特征特性：树高20米有余；果实球状、卵状；果核长5厘米，出仁率18%左右，种子及果仁均可食用。其树冠扩大快，丰产性强，种子油及果仁均可食用，是上好的滋补品。

开发利用状况：野生资源。距今已有近百年的历史，为当地著名的野生古树，有着广泛的用途及较高的经济价值，目前仅在当地农户家中发现1棵。

种质名称：野生核桃

采集地：威海市环翠区温泉镇张家山村正棋山

特征特性：果序长10~15厘米，俯垂，具果5~7个；果球形、卵圆形，顶端尖，密被腺毛，长3.5~7.5厘米；果核长2.5~5厘米，具8纵棱，2条较显著，棱间具不规则皱曲及凹穴，顶端具尖头；果肉可食，味香甜，果熟期9月。

开发利用状况：野生资源。尚无栽培食用，是核桃育种的良好亲本，具有潜在的开发利用价值。

板栗（*Castanea mollissima*）

种质名称：红光栗

采集地：青岛市莱西市店埠镇东庄头村

特征特性：板栗树高12米，树冠面积23平方米，长势茂盛，翠绿欲滴，融经济与观赏于一身。果实个大，每千克84粒左右，产量高，单棵产量62千克左右。色泽好、香度高、味甘甜。

开发利用状况：地方品种。据《莱西市古树名木》记载，红光栗最初是由该村植树能手于宗修由省外带回，经种植选择，于1912年选育成功。目前，莱西市大粒型板栗大多是"红光栗"，百年以上板栗园散存于东庄头村周边大沽河两岸几个村庄，种植板栗仍是周边村庄栗农主要的家庭经济来源。

种质名称： 金丰板栗

采集地： 烟台市招远市张星镇徐家村

特征特性： 树冠广卵形，矮小紧凑，枝条直立，适合密植。9月中下旬成熟，结实率高，大小年不明显，耐旱，耐瘠薄，在干旱年份其他品种出现雌花大量脱落，叶片严重凋萎空棚率较高的情况下，金丰板栗仍获较高收成。果实棕褐色，顶端有茸毛，个头均匀，大小适中，半明栗，耐储藏。果肉金黄色，熟食质糯，味香甜。脂肪含量5.3%，淀粉含量64.1%。

开发利用状况： 地方品种。原名"徐家1号"，1969年由徐家村选出的板栗良种。目前，母树在招远市张星镇石棚村发展树苗产业前景较好。

种质名称： 泰山百年板栗

采集地： 泰安市泰山区省庄镇刘家庄村

特征特性： 泰山板栗以个大色鲜、质细味甘而独享盛誉。丰产性好，一棵结实能达100千克，果实均匀，坚果棕褐色、表皮明亮；肉质细腻，糯性好，口感佳，营养丰富。

开发利用状况： 地方品种。泰山东部地区栽培板栗已有500多年的历史，早在明清时期就定为"贡品"。目前，在刘家庄村种植面积已达500亩以上，可加工糖炒栗子，还可加工成栗糕、栗饼、栗子炖鸡等，都是泰山传统名吃，风味独特。

种质名称：伟德甜栗

采集地：威海市荣成市埠柳镇大梁家村

特征特性：果实中大、均匀，心形，颜色褐红，皮薄易剥，果肉嫩黄，食之细糯香甜。

开发利用状况：地方品种。主要分布在荣成市伟德山地区周围的埠柳镇、崖西镇、夏庄镇、俚岛镇等，目前种植面积1.2万亩，年产量超3 000吨。可制作糖炒板栗、栗子羹、栗子鸡等，深加工品种有栗干、栗粉、栗酱、糕点、罐头等。

种质名称：郯城油栗

采集地：临沂市郯城县郯城街道后东庄村

特征特性：油栗古树高达20米，胸径80厘米，冬芽长约5毫米，小枝灰褐色。果实颜色深棕红，油亮，粒大饱满，味道香甜，肉质松，糯性大，20～22个大栗仁重可达500克。

开发利用状况：地方品种。据《郯城县志》记载，郯城县种植板栗已有数百年历史，中华人民共和国成立前，全县有栗园2万多亩，20万株，年产量超100万千克，是全国著名的板栗重点产区之一。目前种植面积约7 000亩，主要种植分布在沭河两岸，栽培范围包括郯城街道、高峰头镇、红花镇、泉源镇等的100多个行政村；果实主要用于蒸食、煮食、炒食及制板栗酱等，郯城油栗以品质闻名海内外，特别是板栗酱产品已走出郯城，面向全国市场。

柿（*Diospyros kaki*）

种质名称：贡柿

采集地：德州市德城区二屯镇丰乐屯村

特征特性：果高桩圆形，个头中等，单果重约150克，皮薄，甜度高，纤维少，品质极佳，是优质的鲜食柿子品种。柿树较耐寒、耐瘠薄、抗旱；结果年限长，果期9—10月。

开发利用状况：地方品种。柿树生长地位于古大运河河堤处，相传是乾隆皇帝下江南时，德州市地方官将丰乐屯柿子作为贡品呈现给乾隆皇帝，乾隆吃后大加赞赏，丰乐屯贡柿由此扬名。目前，丰乐屯村柿树面积100余亩，最老的柿树有200年以上的历史，由于是鲜食品种，不耐储存，贡柿销售以采摘为主，每到柿树果实成熟季节，消费者们纷纷来到该村采摘、购买。

种质名称：西杨庄柿子

采集地：菏泽市巨野县章缝镇西杨庄村

特征特性：古柿树树高10.6米，树干胸径116厘米，树皮灰褐色，树冠近圆球形；6月开花结果，10月底至11月初收获。生命力强，耐瘠薄，结实性强；果实近扁球形，端部平，脐部略凹陷，成熟果实果皮红色，果肉橙红色，含有丰

富的胡萝卜素、维生素C、葡萄糖、果糖及钙、磷、铁等矿物质。果实成熟后采集烘制食用，其肉质细软、甜糯多汁、口感细腻、余味香甜。

开发利用状况：农家品种。该柿树生长于农户家中，是杨姓先人早年栽种，遗存历史长的少有品种，树龄达500余年，为巨野县人民政府确认古树名木一级保护单位，编号24010，仅存1棵，虽资源优异，现未开发利用，只是管护人杨忠溪和亲戚邻居采集烘制食用。

种质名称：镜面柿

采集地：济南市济阳区垛石街道大赵村

特征特性：晚熟品种，具有高抗严寒和病虫害的特性，口感浓郁，甘甜爽口，口感细腻，余味纯香。

开发利用状况：地方品种。50年来，柿子种植由零星分散，逐渐集中，逐步形成了现在的柿园，面积1 000余亩，主要分布在济阳区垛石街道徒骇河北岸大堤，涉及大赵村、小赵村、道口村、白圈村等村，"骇河秋色"已成为徒骇河畔的一道靓丽风景线。近年来，垛石街道以"生态垛石镇，魅力乡村游"为主题，大力发展乡村旅游，深度挖掘丰富的镇域旅游文化资源，以柿为媒，广交朋友，已成功举办了九届柿子文化节。

种质名称：合柿

采集地：济南市长清区万德镇大刘村

特征特性：果实色泽鲜艳，味甜汁多，除供鲜食外，可制成柿饼，柿饼质细、味甜、透明、霜厚。柿树优质、抗虫、广适。

开发利用状况：农民种植多年的地方老品种。

种质名称：羊奶柿

采集地：日照市东港区三庄镇邱家庄村

特征特性：果实直径3.5～8.5厘米，基部通常有棱，嫩时绿色，后变黄色，橙黄色；果肉较脆硬，老熟时果肉柔软多汁，呈橙红色或大红色等，有种子数粒；种子褐色，椭圆状，长约2厘米，宽约1厘米。柿树优质、抗病、广适。

开发利用状况：农家品种，农户自家种植。

种质名称：俚岛扁柿子

采集地：威海市荣成市俚岛镇凉水泉村

特征特性：柿树为百年老柿子树。高达10～14米，胸高直径达65厘米，树皮深灰色，沟纹较密，老树冠直径达10～13米。果实10月上中旬成熟，扁圆形，橙黄色，果肉汁水多，味甜。

开发利用状况：地方品种。在荣成槎山、伟德山有着悠久的栽植柿子的历史，并形成了一定规模，栽植面积达2 600多亩，年产量在2 000吨以上。近年来，柿树逐渐成为休闲采摘、观光旅游的宠儿。荣成市还举办了柿子采摘节活动，推动了柿子采摘产业的发展。

种质名称：史家庄四红柿（五井山柿）

采集地：潍坊市临朐县五井镇史家庄村

特征特性：果实四方形，"四红柿"因其四方形而得名。6月初开花，10月成熟，平均单果重230克，最大单果重达350克。成熟时果实红色，果顶浓红色，色泽亮丽，果肉橙红色、肉质脆硬、味甜爽口，营养极其丰富。加工的柿饼久放不变质，色灰白，断面呈金黄半透明胶质状、柔软、甜美、性甘、润心肺、止咳化痰。柿树耐寒，耐瘠薄，抗旱性强。

开发利用状况：地方品种。相传已有2 000多年的栽培历史，是临朐县五井镇的特产，该镇所产柿饼可追溯到金朝章宗时期。2014年，临朐县五井镇柿饼协会申报的"五井山柿"通过农业部农产品质量安全中心审查，实施国家农产品地理标志登记保护，登记保护面积2.5万亩，涵盖史家庄村、花园河村、隐士村、天井村、石峪村、太平崮村等11个村，年可产山柿50 000吨，产出柿饼近15 000吨，享誉全国各地。

种质名称：旗杆顶

采集地：烟台市海阳市盘石镇仙人盆村

特征特性：产量高，没有核，味道甜，好吃。

开发利用状况：农家品种。220余年老柿子树，农户自己家一代代传承下来。

种质名称：合柿

采集地：烟台市招远市张星镇石棚村

特征特性：果形美观，个大、鲜润，味道甘美，尤其霜降后柿肉软烂甘甜。人工脱涩后硬食、软食均可，产量高。

开发利用状况：地方品种。栽植历史悠久，现仍存有400年以上的柿树，宋家乡（现合并为张星镇）下院村以北11个自然村为全县柿子主要产地，合柿栽培管理简单，成本低，效益高，发展潜力大，很有推广价值。

种质名称：博山牛心柿

采集地：淄博市博山区池上镇紫峪村

特征特性：果球形，直径5.5厘米左右，基部通常有棱，嫩时绿色，后变黄色、橙黄色，果肉较脆硬，老熟时果肉柔软多汁，呈橙红色或大红色；种子褐色，椭圆状，长约2厘米，宽约1厘米，侧扁，在栽培品种中通常无种子或有少数种子；果期10—11月。

开发利用状况：地方品种。主要分布在池上镇、博山镇等地，许多柿子树已达上百年历史，成为优秀的旅游资源。近年来，为充分利用柿子的旅游和经济价值，博山区申报了1万亩柿子树绿色认证。柿树对提高地面覆盖率、改善气候、改善环境有重要作用。柿饼经济效益也很可观。

种质名称：野生小柿子

采集地：枣庄市山亭区北庄镇双山涧村

特征特性：柿核播种长大后仍为此品种，可无性繁殖或有性繁殖，柿子特性，枝条直立性强，叶呈卵圆形，果似馒头，果实特别小。单果重8～20克，单果柿核0～8个，经种植柿核的小苗，直根强侧根弱，经过连续2年的嫁接试验，日本太秋甜柿和韩国首尔甜柿亲和性好，具有抗寒、抗病、抗旱、耐瘠薄等特点。成熟的柿果做成小柿饼特别筋道，有嚼劲，特别甜，易上霜，比普通柿子口感浓郁。

开发利用状况：野生资源。山东省首次发现的小果柿，仅此1棵，有着200多年历史，可作为北方推广高档甜柿系列品种的优良砧木，解决了高档甜柿与君迁子不亲和的问题。

君迁子（*Diospyros lotus*）

种质名称：君迁子

采集地：日照市五莲县洪凝街道大青山

特征特性：高达10米，花期4—5月，果熟期9月下旬。叶椭圆形至长椭圆形，侧脉每边7～10条；果几无柄，近球形，直径1～2厘米，初熟时黄色，渐变蓝黑色，常被白色薄蜡层，先端钝圆，霜降后采食，味道口感佳。

开发利用状况：野生资源。生于山间、山坡上，偶尔被人们采食，晒干食用。

种质名称：软枣

采集地：滨州市博兴县乔庄镇东冯村

特征特性：树冠近球形或扁球形；叶椭圆形至长椭圆形，上面深绿色，有光泽，下面绿色或粉绿色，有柔毛；叶柄有时有短柔毛，上面有沟。果近球形或椭圆形，初熟时为淡黄色，后则变为蓝黑色，常被有白色薄蜡层，8室；种子长圆形，褐色，侧扁。花期5—6月，果期10—11月。果实小而长，状如牛奶，干熟则紫黑色。

开发利用状况：农家品种，仅果农少量种植。

种质名称：柿树砧木

采集地：青岛市黄岛区铁山街道墨城安村

特征特性：耐寒、抗病、抗虫。采种容易，播后发芽率高，生长快，根系发达，侧根，细根数量多。与一般柿嫁接亲和力强，嫁接后地上部分生长旺盛，移栽时容易成活，缓苗也快。

开发利用状况：地方品种。位于红色风景区，丰富风景区的树木品种，起到防风固土的作用，并为风景区的各种生物提供优良的食物来源。

猕猴桃（*Actinidia chinensis*）

种质名称： 野猕猴桃

采集地： 临沂市沂水县泉庄镇西棋盘村

特征特性： 嫩枝绿褐色，密被黄色柔毛，多年生枝深褐色，皮孔椭圆形，凸起明显，节间中长，叶片大，倒卵形。叶面绿色有光泽，背面叶脉明显凸起，密被灰绿色短茸毛，先端突尖或凹，基部楔形。早实性强，成花容易，坐果率高。野猕猴桃近似球形，皮黄褐色或黄绿色，表面有细茸毛，皮薄。果肉淡绿色，半透明。猕猴桃心呈淡黄色。籽像成熟的黑芝麻。细嫩，汁多味香，酸甜可口。

开发利用状况： 地方品种。沂水县正在农户中推广这个品种猕猴桃的种植，预计种植面积200余亩。

种质名称： 博山碧玉

采集地： 淄博市博山区源泉镇源西村

特征特性： 属早熟品种，浆果近长圆形，横径约3厘米，大小与鸡蛋差不多。花期5—6月，果熟期8—10月，绿心短毛，果肉呈亮绿色，内有一排黑色的种子。口感浓郁，酸甜爽口，口感细腻，余味纯香。具有高抗严寒和病虫害的特性。

开发利用状况： 地方品种。在博山区鲁山已有悠久历史，清乾隆年间《博山县志》、民国《续修博山县志》及《淄博市志》中都有鲁

山山中有猕猴桃的记载。在鲁山调查发现最大的一棵在枣树峪，根茎14厘米，藤蔓50米，树龄200年以上。坐落在鲁山脚下博山区源泉镇，20世纪80年代从山中移栽到大田栽培试种成功。目前，博山猕猴桃成为该区农业的主导产业，种植规模3万亩左右，形成"公司+合作社+基地"的运作模式，猕猴桃产品畅销省内外。

种质名称： 软枣猕猴桃

采集地： 日照市五莲县松柏镇九仙山

特征特性： 大型落叶藤本植物，果圆球形至柱状长圆形，长2～3厘米。

开发利用状况： 地方品种。生于山间，被人们偶尔采食，现被训化栽植大田，果既可生食，也可制果酱、蜜饯、罐头、酿酒等，效益好。

种质名称： 软枣猕猴桃

采集地： 威海市环翠区温泉镇张家山村正棋山

特征特性： 无毛多汁，不用剥皮，洗净就能吃，非常方便，口感绵软带沙，味道酸甜可口，鲜美多汁、风味独特、广受好评。

开发利用状况： 野生资源。多年生木质藤本植物，是我国珍贵的抗寒野生果树，营养价值是普通猕猴桃的15倍，具有滋补强身、生津等作用。当地非常重视该资源的保护利用，建成了全省种植规模最大的软枣猕猴桃产业园。总产量可达10万千克，年创收500多万元，有效带动农民增收，促进乡村振兴。

种质名称：野生葛枣猕猴桃

采集地：威海市环翠区温泉镇张家山村正棋山

特征特性：果熟期10月。果卵球形或柱状卵球形，长2.5～3厘米，无毛，无斑点，具短喙，成熟时淡橘红色，具宿萼；果实成熟后果肉甘甜。

开发利用状况：野生资源。尚无栽培，是猕猴桃资源育种的良好亲本。

种质名称：沂山猕猴桃

采集地：潍坊市临朐县沂山海拔700米处

特征特性：幼枝及叶密生灰棕色柔毛，老枝无毛。叶片纸质，圆形、卵圆形或倒卵形，长5～17厘米，顶端突尖、凹或平截，边缘有刺毛状齿，上面仅叶脉有疏毛，下面密生灰棕色星状线毛。花开时白色，后变黄色。花期5—6月，果熟期8—10月。浆果卵圆形或矩圆形，密生棕色长毛，个头小，长2～3厘米，口感酸甜适中。耐干旱、耐涝。

开发利用状况：野生资源。沂山特有，生长于国有森林保护区内，一般人员难以接触发现，目前未大面积开发利用。

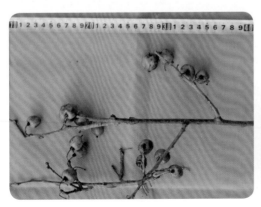 

种质名称：野生猕猴桃

采集地：淄博市博山区池上镇赵庄村

特征特性：果皮薄，个小无毛，果实绿色，口味微酸，酸甜可口，极耐寒、耐旱，在极端气候中也可存活。

开发利用状况：野生资源。在博山区池上镇鲁山林场及其周边花林村、赵庄村、七峪村等村均有发现，现多被游客、村民等从山上移栽家中，作为观赏作物。

经济作物

花椒（*Zanthoxylum bungeanum*）

种质名称：大红袍

采集地：济南市莱芜区牛泉镇任家庄村

特征特性：落叶小乔木，树势健旺。8月中旬至9月上旬成熟，成熟的果实外表面紫红色或棕红色，散有多数疣状凸起的油点，内表面淡黄色。果穗紧密、粒大，椒皮厚实。鲜果千粒重85克左右，晒干后的椒皮深红色，香气浓，味麻辣而持久，4～5千克鲜果可晒制1千克干椒皮。

开发利用状况：地方品种。种植历史悠久，早在北魏时期就有栽植花椒的记载，明代嘉靖年间开始大量栽植，之后常种不衰。据统计，近几年的莱芜区花椒种植面积约15万亩，总产量750万千克，产品出口到日本、韩国及东南亚、欧洲、美洲等国家和地区。

种质名称：大叶花椒

采集地：济宁市微山县微山岛镇田庄村

特征特性：落叶小乔木。株高2～3米，枝干散生，叶形细长对生，叶卵状椭圆形。花淡黄绿色，果红色，油点多，微凸起。花期3—5月，果期7—9月。结果多，果小，味浓。树干、枝条材质坚硬细腻，花纹优美。具有耐寒、耐旱、耐贫瘠，抗虫、抗病能力强等特点。

开发利用状况：野生资源。生于微山岛镇荒地或沟渠路边，叶子、果实、果皮可作调味香料，采摘食用或药用，枝干可作手杖、刀柄、木椅等制品，具有较高的利用价值。

花生（*Arachis hypogaea*）

种质名称：平度大花生

采集地：青岛市平度市蓼兰镇何家店村

特征特性：色泽亮丽、籽粒饱满、香甜可口、出油率高、不腻口，色泽纯正，品质极佳。果实富含人体所必需的多种微量元素。

开发利用状况：地方品种。据《续平度县志》（1936年）记载，光绪十三年（公元1887年）宋庄人袁克仁从美国传教士梅里士处取得大花生，种仁极肥硕，在平度市试种，逐渐繁育，遂盛行平度市内，形成独特的平度大花生。目前种植面积32.5万亩，在平度市所辖乡镇均有种植，花生产品远销东南亚等20个国家和地区，年产值10亿元以上，产业化发展前景广阔。

种质名称：柘山红花生

采集地：潍坊市安丘市柘山镇大老子三村

特征特性：茎粗而丛生，株型直立、紧凑，茎和分枝均有棱，叶色较浅，呈黄绿色，根部有丰富的根瘤。蝶形花，花冠黄色，荚果小，果壳薄，网纹细，果仁饱满，果皮色泽鲜红，出油率高、不腻口，生食鲜香、炒熟脆香，有"长生果"之美誉。

开发利用状况：地方品种。据《安丘县志》记载，自花生从南美洲的秘鲁引进到中国，柘山镇就开始种植。清朝乾隆年间柘山红花生曾作为贡品上奉朝廷，中华人民共和国成立后柘山红花生曾是中央国家机关的直供品。目前，在柘山镇各行政村均有种植，主要集中在镇区附近的几个村庄，种植面积1 200亩左右，是老百姓的重要收入来源之一。

种质名称：白花生

采集地：济宁市泗水县柘沟镇尚庄村

特征特性：中熟花生品种，春播全生育期125天。株型直立，主茎高25厘米左右，花冠黄色，6—8月花果期，结荚集中。果壳白色，果仁白皮白肉，籽粒饱满，百果重140克左右，百仁重75克左右，亩产250千克左右。富含蛋白质、脂肪、糖类，维生素A、维生素B_6、维生素E、维生素K及矿物质钙、磷、铁等营养成分；抗青枯病、病毒病、根结线虫病，较耐旱、耐贫瘠。

开发利用状况：地方品种。据《泗水县志》记载，自清末民初就有种植，目前常年种植花生面积200～300亩。

种质名称：柘山白花生

采集地：潍坊市安丘市柘山镇大老子三村

特征特性：茎粗而丛生，株型直立、紧凑，茎和分枝均有棱，叶色较浅，呈黄绿色，根部有丰富的根瘤。蝶形花，花冠黄色，荚果较小，果壳较薄，网纹较细，果仁饱满，果皮纯白色，出油率高、不腻口，生食鲜香、炒熟脆香，素有"长生果"之美誉。

开发利用状况：地方品种。据《安丘县志》记载，自花生从南美洲的秘鲁引进到中国，柘山镇就开始种植。清朝乾隆年间柘山白花生曾作为贡品上奉朝廷，中华人民共和国成立后柘山白花生曾是中央国家机关的直供品。目前，在柘山镇各行政村均有种植，主要集中在镇区附近的几个村庄。

种质名称：花17

采集地：威海市荣成市港西街道龙家村

特征特性：果实洁白较大，缩缢明显，网纹清晰，壳薄籽粒饱满且多为双仁。籽仁长椭圆形，大而饱满，种皮粉红色，表皮光滑。口感较一般花生香且香中带甜，油酸、亚油酸比值高，作为食品具有抗氧化、不变味、保存时间长的优良品质。

开发利用状况：地方品种。20世纪90年代至21世纪初荣成市主要出口花生品种之一。非常适合原料花生果、花生仁以及加工烤花生果、烤花生仁等出口。近年来，由于品种纯度逐年降低，正慢慢被鲁花10、花育22等新品种替代，目前只有荣成市北部少数乡镇有农户自家留种种植，加工食用油等。

种质名称： 小白沙1016

采集地： 威海市乳山市冯家镇

特征特性： 早熟珍珠豆型品种，生育期春播120～130天，花期为6月上中旬，成熟期为9月中下旬。株高35厘米左右，有8个分枝。出苗整齐，幼苗叶片竖直且颜色淡绿，叶椭圆形，茎秆短而粗壮，果柄有韧性，落果率低。种皮淡红色，果粒饱满，为茧形，双仁果多；百果重150～190克，出仁率70%～75%，含油率可达50%。抗逆性强，耐黏耐涝，抗旱抗病，最高亩产达500千克以上，一般种植亩产在300千克左右。

开发利用状况： 地方品种。乳山市主要经济作物和油料作物，种植历史约200年，种植区域广。20世纪80年代初，小白沙1016作为优良品种和地膜覆盖技术得到广泛推广，花生产量提高，播种面积进一步扩大。目前小白沙1016主要在冯家镇和下初镇种植，种植面积3 000多亩，年创收益300多万元。

种质名称： 黑花生

采集地： 临沂市莒南县板泉镇王家武阳村

特征特性： 早熟品种，春播生育期130天左右，夏播110天左右。长势稳健，一般不会出现疯长，叶色深绿，株高45厘米左右，高抗倒伏。黑色种皮，花生粒大营养高，前期口感甜，9月收获，亩产量在400千克左右。

开发利用状况： 地方品种。在莒南县有种植基地面积约为4 000亩，有成熟的产业链，收获后直接销往市场。

芝麻（*Sesamum indicum*）

种质名称：芝麻

采集地：淄博市高青县花沟镇花东村

特征特性：植株高150厘米左右，有分枝，下部叶掌状，中部叶有齿缺，上部叶近全缘；花冠白色，蒴果粗矩圆形，排列紧密，4室或5室；种子白色、饱满，种子加工成香油后香味浓郁、久远。亩产100千克左右；耐瘠薄、耐盐碱。

开发利用状况：地方品种。在当地零星种植，面积较小，耕作所用种子靠农户之间互借、互换。种子主要制作香油、糕点或自制芝麻盐或麻汁等调味品。

种质名称：黑芝麻

采集地：东营市东营区牛庄镇东隋村

特征特性：芝麻粒较小，种皮呈黑色，咀嚼后满口香味，品质较好，将其做成芝麻酱，味道浓香，香气四溢。与其他芝麻相比，东隋芝麻生长的土壤为盐碱地，脂肪和蛋白含量较高，富含维生素E。

开发利用状况：农家品种。种植历史已有22年，农户自留自种，因产量不高，种植面积很小。

种质名称： 康驿黑芝麻

采集地： 济宁市汶上县康驿镇水店村

特征特性： 夏播生育期约95天，株高1.2米。花期5—9月，果期7—9月，单株结荚多，荚较密，成熟后黑褐色。种子乌黑，卵形，两侧扁平，饱满黑亮，千粒重2.5克左右。营养丰富，含油量达47.3％，蛋白质含量21％以上，同时糖类、维生素A、维生素E、卵磷脂、钙、铁、铬等营养成分的含量也比较丰富。

开发利用状况： 地方品种。当地特有资源，种植历史悠久。目前，该品种在汶上县仅小面积种植，开发利用前景广阔。

棉花
（*Gossypium hirsutum*）

种质名称： 郭仓棉

采集地： 济宁市汶上县郭仓镇隋村

特征特性： 晚熟品种，成熟期在9月底至10月中旬。株高1.5米左右，株型紧凑，长势旺，单株结铃性强，果枝上冲，大桃重7～8克。有白色长棉毛和灰白色不易剥离的短棉毛；棉花纤维弹性、拉力均较强。具有抗虫、抗枯萎病、耐盐碱等特点。

开发利用状况： 地方品种。20世纪90年代末期引进种植，当地农民自选自留，多在地头、庭院小面积种植自用，逐步形成颇具特色的地方品种，已在郭仓镇等地种植多年，深受农民欢迎。目前在汶上县种植面积较小，有待进一步开发利用。

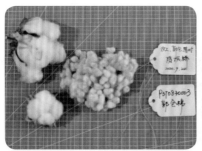

种质名称：棉花核不育-1

采集地：济宁市任城区李营街道时庄村

特征特性：雄性不育系的一种类型。其雄蕊发育不正常，花丝不伸长，花丝数明显减少，花药干瘪，不散粉，不能产生有正常功能的花粉，但它的雌蕊发育正常，能广泛接受外来正常花粉而受精结实。主要特点为株型高大，筒形，较紧凑，铃卵圆形，配合力较强，吐絮畅而集中；抗虫、抗枯萎病，皮棉品质优良。

开发利用状况：在2000年初广泛引进棉花种质资源中发现的不育单株，逐步提高不育率稳定成系，目前仅在时庄村农户田间种植研究展示。优异的棉花种质资源，有较高的利用价值。

种质名称：武城高瓢棉

采集地：德州市武城县武城镇桃花店村

特征特性：生育期大约103天，株高68厘米，叶片中等大小，株型略松散，茎稍软，铃卵圆形，单铃重5.5克左右，吐絮畅，衣分高，为46%左右，纤维长度28～29毫米。

开发利用状况：地方品种。经多年驯化而成，有20多年的种植历史，农户小面积种植。

种质名称：武城长绒棉

采集地：德州市武城县武城镇桃花店村

特征特性：生育期120～126天，中早熟品种。株高85厘米，株型较松散，果枝细长。茎坚硬抗倒伏，结铃性强，铃期短，第一果枝节位6.7。铃中等大小，呈卵圆形，铃尖长，单铃重5.7克。种子表面短纤维为黄绿色，长纤维色洁白，长度35～38毫米，衣分39%～43%。棉花纤维长，柔软肌肤触感舒适、透气性好。

开发利用状况：地方品种。在当地种植多年，作为纺织、棉被的原料，深受广大群众欢迎，具有极高的推广价值。

苘麻（*Abutilon theophrasti*）

种质名称：苘麻

采集地：东营市利津县汀罗镇龙王庙村

特征特性：耐盐碱，株高达 1~2 米；叶圆心形，边缘具细圆锯齿；花萼杯状，裂片卵形；花黄色，花瓣倒卵形；种子肾形，褐色。种子含脂肪油，其叶片、种子可入药。

开发利用状况：野生资源。生长于田间地头、水沟边，当地百姓只是利用其药用功能，在生病时自采自用。

种质名称：苘麻

采集地：德州市庆云县尚堂镇王高村

特征特性：株高 1~2 米，茎枝被柔毛。茎皮纤维色白，长而坚韧，具光泽，可作编织麻袋、搓绳索、编麻鞋等的材料。耐盐碱、抗旱、广适、耐涝、耐贫瘠。

开发利用状况：野生资源。

蓖麻（*Ricinus communis*）

种质名称：蓖麻

采集地：东营市河口区义和镇七顷村

特征特性：多年生的小乔木，叶片掌状分裂，蒴果球形，有软刺，成熟时会开裂。种子较大，种皮灰白色，种子可以用来榨油，且出油率比较高。生长于盐碱地，韧皮纤维韧性好。

开发利用状况：农家品种。农户于20年前在乡村集市购买的种子，种于自家的院内和屋后，种植面积较少。主要采集种子出售或取其韧皮编麻绳自用。

种质名称：麻子

采集地：德州市齐河县大黄乡甄庄村

特征特性：茎多液汁，果为卵圆形，覆盖有软刺，种子为扁平的椭圆形，表面有黑褐色花纹，质地较硬。适应性强，各种土质均可种植。

开发利用状况：地方品种。可利用沟边、路旁、荒山、荒坡种植。种子常被收集售卖。种子可榨油，为重要工业用油和高级润滑油原料。茎皮富含纤维，为造纸和人造棉原料。

线麻（*Cannabis sativa*）

种质名称：线麻

采集地：德州市禹城市伦镇郎屯村

特征特性：植株高大，高度可达3米，掌状复叶，不耐旱，不耐涝。茎皮富含纤维素和半纤维素，弹性好，易于染色。

开发利用状况：农家品种。农户日常用线麻作绳索、纳鞋底，但该资源生长在一废弃房屋的后面，知晓农户较少，利用率较低。

山茶（*Camellia japonica*）

种质名称：琅琊猴魁

采集地：潍坊市诸城市桃林镇山东头村

特征特性：灌木，树型紧凑，根系发达，生长茂盛；嫩枝无毛，叶革质，椭圆形。叶底嫩绿均齐，外形紧结匀整，汤色清澈明亮，色泽翠绿，香气清高。抗寒、抗旱，采芽早，效益高。

开发利用状况：地方品种。20世纪70年代在茶园中发现变异株，繁殖培育而成。在本地栽培面积30亩，在潍坊市、青岛市、日照市均可栽植，有一定的推广价值。

种质名称：刘家庄茶

采集地：泰安市泰山区省庄镇刘家庄村

特征特性：中叶类，生长环境纬度高。茶树生长缓慢，生长周期长，芽头积累营养物质多；芽叶细长，花期较晚，鲜叶中氨基酸、叶绿素的含量高。外观上叶片肥厚坚结，芽头粗壮，叶厚耐泡；茶香高、味浓，栗香明显，回味醇美，沁人心脾；茶色清澈晶莹，汤绿明亮，留香悠长。具有抗旱，耐寒，耐贫瘠的特点。

开发利用状况：地方品种。刘家庄村实行南茶北引，致力于茶叶生产，是泰山女儿茶主产区，海拔在500米以上。目前刘家庄村茶种植面积达800亩左右，已经发展成为泰山区的优势特色产业。

种质名称：连茶早

采集地：临沂市莒南县洙边镇石门涧村

特征特性：中叶型，树姿半开张，叶片表皮角质膜与栅状组织层次加厚，叶绿色有光泽，芽叶较肥壮，茸毛多，抗寒能力强，露地耐零下17～18℃低温；适制绿茶，其外形紧细壮实，绿润多毫，栗香气高，滋味浓醇爽口，汤色翠绿明亮，叶底肥嫩成朵，黄绿明亮，嗅之心旷神怡，饮之具有提神顺气、生津止渴、明目益思、消食去腻、清热解毒等功效。

开发利用状况：地方品种。20世纪60年代从南方引进，由于受莒南县独特地理环境与气候条件的自然驯化，抗寒特性加强，目前仅作为抗寒种质资源保存。

五叶茶
（*Ligustrum lucidum*）

种质名称：五叶茶

采集地：潍坊市诸城市桃园区大桃园

特征特性：木樨科女贞属植物，小乔木，枝条褐色，叶厚革质，叶色深绿，树型高大，根系发达；抗旱、抗寒、抗涝性强，栽培纬度高，北纬36°适宜种植，产量高。茶叶样本经浙江大学茶学系鉴定，富含多种有益成分，其中总黄酮类含量高达8%～10%、芦丁含量6%以上、可溶性糖含量6%～9%。沏茶色、香、味俱佳，汤色清澄，浓粽香沁人心脾、入口滋味醇厚、自然回甘。

开发利用状况：地方品种。栽植最久远的有近100年树龄，目前，主要在诸城市的林家村镇和桃园生态经济区有种植，面积200亩，有良好的发展前景。

擀丈叶（猫乳茶）
（*Rhamnella franguloides*）

种质名称：擀丈叶

采集地：威海市乳山市诸往镇西尚山村

特征特性：4月上旬开始头茬采摘，采摘期持续1个月左右。叶片纸质，椭圆形或矩圆状倒卵形，长1.5~4.5厘米，宽0.7~2厘米，上面有白色短柔毛。以其叶片制作茶叶，耐冲泡，汤色黄绿明亮，香气馥郁持久，甘醇生津。

开发利用状况：野生资源。当地已有上百年用其鲜叶制茶的历史，头茬鲜嫩叶经杀青、揉捻、烘干、筛选，浓郁的茶叶便制作完成。猫乳茶已成为畅销的特色茶叶，村民通过网店等线上方式进行销售，增加收入。

玫瑰（*Rosa rugosa*）

种质名称：黄店大花玫瑰

采集地：菏泽市定陶区黄店镇朱庄村

特征特性：植株长势旺盛，根系发达，抗逆性强，观赏价值高；产量高，平均亩产花蕾550千克，亩产花朵可达650千克，是其他玫瑰品种的1.5倍。蕾肥花大，单花重达9克左右，花冠直径9厘米左右，而其他玫瑰单花重在6克左右；色泽鲜艳，花色黛红；香气浓郁，有清香、甜香、浓香的特点。

开发利用状况：地方品种。种植历史最早可追溯到春秋战国时期，范蠡为西施建造的花园即栽植有黄店玫瑰。据《定陶县志》记载，清道光二十二年（公元1842年），美籍波兰人包志理先生从保加利亚引来数株玫瑰，后经不断移植与本地品种杂交，培育出现在的黄店玫瑰。目前，全区种植面积3万亩，有玫瑰加工企业10余家，合作社4个，年产玫瑰鲜切花500万支，玫瑰茶120吨，玫瑰酱800吨，年产值15亿元，花茶、玫瑰酱、玫瑰酒、玫瑰糕点等产品远销北京市、上海市、广州市等30多个大中城市。

玫瑰酒

玫瑰黑糖

玫瑰花茶

玫瑰香皂

玫瑰纯露

玫瑰糕点

牧草

田菁（*Sesbania cannabina*）

种质名称：涝豆

采集地：淄博市高青县高城镇东刘村

特征特性：生长势强，株高2米左右，叶无毛，花冠黄色，荚果细长，种子间具横隔，绿褐色，有光泽。具有抗病、耐盐碱、广适、耐涝、耐贫瘠等特点。

开发利用状况：野生资源。分布于沟渠、地势低洼的涝洼荒地。其茎、叶常用作绿肥或饲料，种子可入药。当地应用主要在野外采集，没有进行人工种植。

山莴苣（*Lactuca sibirica*）

种质名称：翅果菊

采集地：威海市环翠区张村镇姜家疃村里口山

特征特性：多年生草本植物。根粗厚，分枝成萝卜状；茎单生，直立，粗壮。头状花序，在茎枝顶端排成圆锥花序，花黄色。花果期7—10月。嫩叶片可食用，口感很好，味微苦。蛋白质含量高，是优质牧草饲料。

开发利用状况：野生资源。也有小面积栽培食用或作牧草饲料，具有潜在开发利用价值。

串叶松香草（*Silphium perfoliatum*）

种质名称：教授菊

采集地：威海市文登区泽头镇上泊子村

特征特性：根系发达粗壮，支根多。一般株高2～3米，最高的可达3.5米，茎实心，嫩时质脆含汁。生长速度快、产量高，每年可收割3～4次，亩产鲜草达15吨以上，一次性种植可连续收割10～15年。适应各种土质，在沙化地种植形成天然草原可防沙治沙。耐寒、耐盐碱、耐高温，管理简单，抗逆性强，自生能力强，零上或零下30℃条件下都可正常生长。含多种营养成分及大量黄酮、超氧化物歧化酶（SOD）。

开发利用状况：地方品种。可做城市、公园、家庭、绿化观光使用，也是养殖蜜蜂极好的蜜源。根、茎、叶、花、果实粉碎与玉米秆、花生秧、地瓜秧或大豆秆等粉碎细化混合，经过发酵制成饲料，饲养家禽家畜。叶可做SOD酵素，可以加工高级茶叶，也可作为面食的辅料添加，梗可做酱菜，可提取植物黄酮和SOD，广泛应用于制药、食品、饮料、奶业、酒业及化妆品业，形成功能产品，效益巨大。

饲用甜菜
（*Beta vulgaris var. lutea*）

种质名称： 根达菜

采集地： 德州市庆云县东辛店镇鲁家村

特征特性： 株高80厘米。根纺锤形，肥厚多汁；根生叶丛生，叶面光滑，皱缩不平，叶脉紫红色，粗大，叶柄肥厚多汁。花黄绿色，果实成熟后变硬。高产、优质、广适。

开发利用状况： 地方品种。主要种植于东辛店镇鲁家村，种植面积大约50亩，是猪、牛、羊等各种动物的良好饲料。

中药材

丹参（*Salvia miltiorrhiza*）

种质名称：白花丹参

采集地：济南市莱芜区苗山镇南苗山四村

特征特性：形态类同传统丹参，但花为白色。幼苗茎叶呈绿色，茎四棱形、具槽，上部分枝，叶对生。根茎粗短、呈深褐色，侧根数十条。皮厚木芯小，外皮不易剥落，质坚实，不易折断。味苦，性寒，其有效成分含量是紫花丹参的2～3倍。

开发利用状况：地方品种。白花丹参属丹参族中一极品，为莱芜道地药材之一。在苗山镇、和庄镇、茶业口镇、口镇街道、雪野街道、大王庄镇、高庄街道、牛泉镇、寨里镇、羊里街道、张家洼街道等镇（街道）有种植，总面积达2万多亩，开发产品有白花丹参茶、白花丹参酒、白花丹参饮品等十几个，相关产业已形成一定规模。

白首乌（*Cynanchum bungei*）

种质名称：白首乌

采集地：济南市长清区万德镇马套村

特征特性：生于海拔1 500米以下的山坡、灌丛或岩石缝中。块根肉质多浆，内里洁白，味苦甘涩，可入药，为滋补珍品。抗旱、耐涝。

开发利用状况：野生资源。生长于山地、丘陵。主产于山东省，可作为药食两用物品来开发应用。民国时期高宗岳出版的《泰山药物志》中明确记载了泰山何首乌内里洁白，与市售的何首乌有明显不同，是泰山四大名药之一。白首乌的疗效被收载于《山东中药》和《中药大辞典》等著作中。

菊花（*Chrysanthemum morifolium*）

种质名称：灵岩御菊

采集地：济南市长清区万德镇灵岩村

特征特性：叶片色泽清翠欲滴，口感清新怡人，菊芽能烹饪使用，是当地独有的特产和时令菜蔬。优质，抗旱，耐贫瘠。

开发利用状况：地方品种。具有500多年的食用历史，据史书记载，乾隆皇帝七下江南，八次来到灵岩村，亲自品尝了用灵岩御菊做的佳肴，赞不绝口。后每次到灵岩村，便钦点御用，被誉为"御菊"。自2011年开始，做过大厨的村民康其国流转土地近500亩，搞起了山菊芽栽植并一举成功，再用菊芽加工成食品。现在菊芽种植面积已达几千亩，开发了10多个食用产品，年产值近2 000万元。

皂荚（*Gleditsia sinensis*）

种质名称：皂角

采集地：东营市广饶县稻庄镇西雷阜村

特征特性：皂角树大约有100年的树龄，树型庞大，生长茂盛，高约10米，盛产皂角子。此皂角树为雌树，长势优美好看，结出的皂角多且宽大，长约15厘米，较厚，所含的硬脂酸、油酸、亚甾醇等化学成分高。

开发利用状况：皂角树位于东营市广饶县稻庄镇西雷阜村一农户大门口，仅此一棵百年古树，作为东营市古树名木保存，是当地的一处景点，吸引了众多游客前来打卡留念。农户多采集皂角制作成中药或做成皂角粉，具有较好的去污能力。

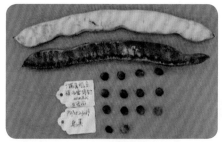

北沙参（*Glehnia littoralis*）

种质名称：莱胡参

采集地：烟台市莱阳市高格庄镇大泊子村

特征特性：地上部分高可达35厘米，主根细长，长15～45厘米，直径0.4～1.2厘米，质地细密、粉性足、圆柱形，表面淡黄白色，上部有环状皱纹，茎大部分埋在沙土中，一部分露出地面，基生叶互生；叶柄长可达20厘米；基部鞘状，稍带革质；叶片长椭圆形，稍带革质；复叶羽状分裂，花序呈复伞形，具白色粗茸毛，花白色，每一小伞形花序有花10～20朵；花柱基部扁圆锥形，有棕色茸毛；果核有翅。5—7月为花期，6—8月为果期。8月下旬至9月中旬是莱胡参的收获期。

开发利用状况：地方品种。莱胡参即为北沙参，以山东省莱阳市为地道产区，其中以该地胡城村所产品质最为优良，因而得名。近几年，莱胡参种植面积稳定在1 000亩左右，产值800万元。产品主要被深加工企业收购生产药品及补品，部分用作鲜食。

枸杞（*Lycium chinense*）

种质名称：微山岛野枸杞

采集地：济宁市微山县微山岛镇田庄村

特征特性：枝条细弱，结果性好，花果期6—11月。浆果椭圆形，长7～15毫米，直径5～8毫米。果红、味甜、维生素含量高。适应性极强，根系发达，抗病、抗虫、抗旱、耐贫瘠、耐寒力强。

开发利用状况：野生资源。零星生长在荒地荒坡和田野地头，民间叫作小鬼辣椒。村民采集野枸杞的成熟果实生吃、做菜、煲汤、泡水喝等，民间利用较广泛。

种质名称：野枸杞

采集地：滨州市阳信县河流镇魏家村

特征特性：高0.5～1米，枝条细弱，淡灰色，有纵条纹，棘刺长0.5～2厘米。浆果红色，颜色较种植枸杞略浅，卵状，长7～15毫米。种子扁肾脏形，长2.5～3毫米，黄色。花果期6—11月。

开发利用状况：野生资源。生长于田埂、山坡、路边，因其药食同源，日常生活可以泡水饮用。

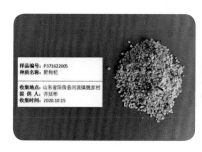 

种质名称：单县千年枸杞

采集地：菏泽市单县北城街道衙门街

特征特性：古枸杞树位于单县老县衙门前，树龄400～500年，树冠近20平方米。每年春、秋两次开花，秋季结果。春、夏绿荫如盖，开花满树灿然，秋来果实累累，个头硕大。

开发利用状况：饱受岁月沧桑、风霜雨雪的枸杞树，已成为单县人文历史的典籍和古邑韵致的印象，堪称"生物活化石"和"生态文化遗产"。枸杞树全身是宝，春采枸杞叶，名曰"天精草"；夏采花，名曰"长生草"；秋采子，名曰"枸杞子"；冬采根，名曰"地骨皮"。其叶、花、果、根均可入药。每到收获枸杞子，邻里百舍各自索取少许，冲泡成汤，细细品味。

牡荆（*Vitex negundo* var. *cannabifolia*）

种质名称：嘉祥荆苔

采集地：济宁市嘉祥县马集镇刘街村

特征特性：枝叶发达，长势旺，极少遭受病虫害。小枝四棱形。叶对生，掌状复叶，边缘有粗锯齿，表面绿色，背面淡绿色。圆锥花序顶生，开花时有特殊香味。果实近球形，黑色。6—7月开花，8—11月结果。其抗病、抗虫、适应性极强，抗旱，耐贫瘠。

开发利用状况：野生资源。主要分布在嘉祥县东南部山区坡地，生长历史悠久。用途非常广泛，树皮可用于编织篮子、篱笆等用具；新鲜叶可入药；老桩可做盆景、木雕、根艺等。

决明（*Senna tora*）

种质名称：马营决明子

采集地：济宁市梁山县马营镇薛屯村

特征特性：植株高达2米，生长旺、直立、粗壮。荚果纤细，近四棱形，两端渐尖，长15厘米，宽3～4毫米；种子15～20粒，菱形，光亮，株产量和种子产量较高。花果期8—11月。苗叶和嫩果可食。适应性极强，不感病，不生虫，抗旱、耐涝、耐热、耐瘠薄。

开发利用状况：野生资源。常生于山坡、旷野及河滩沙地上，在马营镇等地有小面积栽培种植，开发利用少。

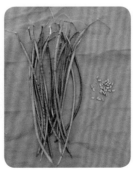

黄精（*Polygonatum sibiricum*）

种质名称：文登黄精

采集地：威海市文登区葛家镇西孙疃村

特征特性：根状茎黄白色，肥厚，横走，直径3厘米左右，由多个形如鸡头的部分连接而成，节明显，节部有少数须根。茎单一，圆柱形。叶4～7片轮生（白及黄叶互生），无柄，叶片条状披针形，长8～12厘米，宽5～12毫米，先端卷曲，下面有灰粉，主脉平行。夏开绿白色花，花腋生，下垂，总花梗长1～2厘米，顶端2分杈，各生花1朵；花被筒状，6裂；雄蕊6个。浆果球形，熟时黑色。

开发利用状况：野生资源。2016年开始从昆嵛山上移栽野生品种（姜型黄精、玉竹黄精）至大田进行试种，经人工驯化移植并取得成功。目前，全区黄精栽培面积达500亩。开发了昆嵛黄精、旸谷汤、昆嵛黄精皇、黄精代餐粉等系列产品。

西洋参
（*Panax quiquefolium*）

种质名称：文登西洋参

采集地：威海市文登区张家产镇、葛家镇、大水泊镇

特征特性：全株无毛，根茎较人参短，根肉质，纺锤形，少有分枝状，长3～12厘米，直径0.8～2厘米。总有效成分皂苷含量最高可达8.8%，高出进口参3.3个百分点，在国内位居榜首；硒含量也可媲美进口参。

开发利用状况：地方品种。文登区是中国最早引进西洋参种植的三大主产区之一，早在1964年即开展了西洋参的引种种植，1986年成功在农田种植。目前，文登区是全国最大的主产区，西洋参的种植面积达到5.5万亩，年产鲜参7 500吨，总体规模占全国60%以上，基本实现标准化种植。

金银花（*Lonicera japonica*）

种质名称：鹅翎筒

采集地：临沂市平邑县临涧镇

特征特性：大毛花品系，花蕾肥大，根部细，顶端粗，一般长4～6厘米，像鹅的翎羽根部而得名。树势较旺，结花枝条粗壮，叶片肥大，叶脉清晰，背毛丰满。有效成分含量高，晒出来是青色。但产量低，头茬花采收后，二、三茬花产量极低。

开发利用状况：地方品种。多分布在临涧镇、保太镇，因其产量低，种植面积不大，约100亩。

种质名称：叶里齐

采集地：临沂市平邑县临涧镇余粮店村

特征特性：属于毛花系。叶里齐，顾名思义，其成熟花蕾与叶片同样长度。叶子呈墨绿色，纺锤形，上表面毛茸较少；枝条密实，花枝节间长，花期长，产量较一般毛花高，亩产鲜花450～500千克，干花100千克。耐干旱，耐贫瘠，抗病力强，适应性广，有效成分含量高。

 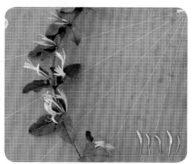

开发利用状况：地方品种。多分布在临涧镇余粮店村，面积极小。近几年，受丰产品种四季花影响，种植面积迅速锐减，仅在平邑县的临涧镇、郑城镇有零星种植，约300亩。

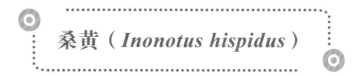

桑黄（*Inonotus hispidus*）

种质名称：桑黄

采集地：德州市夏津县苏留庄镇前屯村

特征特性：分多年生桑黄与一年生桑黄，其子实体在夏、秋两季出现，菌蕾呈金黄色、红黄色至黄色，子实体成熟后呈黄褐色、黄棕色或紫棕色，质韧，有菌孔，子实体老化，呈黑褐色，质硬，有菌孔。

开发利用状况：夏津黄河故道古桑树群位于山东省夏津县东北部黄河故道中，占地6 000多亩，百年以上古树2万多株，是中国树龄最高、规模最大的古桑树群。夏津县依托这片得天独厚的宝贵资源，大力发展桑黄产业，建立了夏津县古桑研究院，研究院围绕桑黄、桑粉、桑叶、桑果、桑枝、桑根等，全方位开发保健养生系列产品，目前桑黄已实现规模化栽培。

赤芍（*Paeonia lactiflora*）

种质名称：赤芍

采集地：菏泽市鄄城县彭楼镇舜城村工业园

特征特性：根条粗长，表皮光滑，无皱裂，须根少，皮为棕褐色较深，皱梗为黄白色，断面粉乳白色，菊花心较明显，木质化程度低，气味特别浓香，芍药苷含量高，据测定含芍药苷大于2.6%。

开发利用状况：地方品种。著名道地中药材，主要在鄄城县内种植，常年种植面积5 000余亩，亩收益1.5万元左右。应用历史悠久，用量较大、用途广泛，每年都有相当数量的出口。有清热凉血、活血祛瘀的功效。赤芍可以人工种植，种子繁殖5~7年收获，芽头繁殖4~6年收获。

蒲公英（*Taraxacum mongolicum*）

种质名称：蒲公英

采集地：菏泽市郓城县玉皇庙镇房村

特征特性：无地上茎，头状花序，种子上有白色冠毛结成的绒球，贴地面生长，路边、田野、河滩均有生长。因其全身是宝，被称为"药草皇后"，不论是鲜食或烘干做茶均得到百姓的认可。全草皆可入药，味苦性寒，有消炎去火的功效。

开发利用状况：野生资源。经过人工驯化，自2016年开始种植，成立专业合作社，种植基地100余亩，每年蒲公英种植亩产值可达5 000余元，已开发蒲公英茶、蒲公英酱等多种产品，带动房村20余户贫困户脱贫。

食用菌

超短裙竹荪
（*Phallus ultraduplicatus*）

种质名称：超短裙竹荪

采集地：烟台市招远市罗山自然保护区阔叶林中地上

特征特性：低温品种。子实体的菌盖近钟形，顶端具穿孔，四周有网格纹，表面有橄榄绿色恶臭的孢体。菌托球形，白色或浅棕色。菌柄圆柱形，长15~23厘米，白色中空，直径3~4厘米。菌幕钟形，白色，长2~4厘米，网眼多角形。产孢组织位于菌盖表面，一个担子产生4~8个担孢子，以8个担孢子居多，担孢子为椭圆形，薄壁平滑，透明，大小为（4.0~5.0）微米×（1.5~2.0）微米，担孢子萌发可产生较长的芽管或芽孢子。双核菌丝白色，多分枝、分隔，常观察到锁状联合，个别会产生单个梭状具短柄的芽孢子。

开发利用状况：野生菌株，于2019年8月，招远市罗山自然保护区莲花盘处首次采集得到，经过实验室育种技术和人工驯化，获得可以栽培生产的菌株，其原基形成温度在18~28℃，2020年开始在山东润梁食品有限责任公司食用菌生产车间和山东博华高效生态农业科技有限公司食用菌事业部开展示范推广，年栽培量10万棒。

花脸香蘑（*Lepista sordida*）

种质名称：花脸香蘑

采集地：日照市五莲县五莲山针阔混交林中地上

特征特性：中高温品种。菌盖直径4~8厘米，幼时半球形，后平展，有时中部下凹，湿润时半透明或水浸状。新鲜时紫罗兰色，失水后颜色渐淡至黄褐色，边缘内卷，具不明显的条纹，常呈波状或瓣状。菌肉淡紫罗兰色，较薄，水浸状。菌褶直生，有时稍弯生或稍延生，中等密，淡紫色。菌柄长4.0~6.5厘米，直径0.3~1.2厘米，紫罗兰色，实心，基部多弯曲。担孢子（7.0~9.5）微米×（4.0~5.5）微米，宽椭圆形至卵圆形，粗糙至具麻点，无色。

开发利用状况：该菌株为野生菌株经过驯化所得，其原基形成温度在18~28℃。该菌株原子实体于2011年9月20日采自山东省日照市五莲县莲花山，同时收集得到该种的活体菌种并保藏和驯化栽培出菇，2012年在鲁东大学实训基地栽培成功。

灰树花（*Grifola frondosa*）

种质名称：灰树花

采集地：泰安市泰山后石坞麻栎林内树桩上

特征特性：子实体有柄或近无柄，柄可多次分枝，形成一丛覆瓦状的菌盖，直径可达40厘米以上。菌盖半圆形、扇形至匙形，宽2~7厘米，厚2~7毫米，肉质或半肉质；盖面灰色，干后灰褐色，有细纤毛或茸毛，渐脱落至光滑，无环纹；盖缘波状，薄而锐。菌柄短或长，有分枝，扁柱状，与盖面同色，侧生。菌管白色，下延，管厚2~3毫米；管口面白色；管口圆形、近圆形至多角形，每毫米间2~3个。菌肉白色或近白色，纤维状肉质，厚达2毫米。孢子（5~6）微米×（3.5~5）微米，卵形至椭圆形，无色、光滑。

开发利用状况：该菌株源标本在2012年采自泰山后石坞麻栎林内树桩上，2014年开始进行驯化栽培，2018年开始在山东博华高效生态农业科技有限公司食用菌事业部开展示范推广，年栽培量在10万棒。

中华网柄牛肝菌
（*Retiboletus sinensis*）

种质名称：中华网柄牛肝菌

采集地：烟台市招远市罗山林场小园庙林区的混交林中地上

特征特性：子实体中等大小，菌盖直径3～8厘米，菌盖近半球形至凸镜形，有时平展，橄榄褐色、黄褐色、灰褐色至褐色；菌盖中央菌肉厚0.4～2.6厘米，浅黄色至黄色，受伤后变黄褐色；子实层体直生或弯生；管口多角形，直径0.3～1.5毫米，黄色，受伤后缓慢变为黄褐色；菌管长0.2～1.1厘米，浅黄色，受伤后变为褐色。菌柄长4.7～11厘米，直径0.7～2厘米，中生，近圆柱形，实心，黄色至黄褐色，被粗网纹；网纹黄色，老后变为浅褐色至褐色；基部菌丝黄色；菌肉黄色，伤后变为黄褐色。担孢子（8～10）微米×（3.5～4）微米，梭形至椭圆形，橄榄褐色至黄褐色，壁略厚，表面光滑。

开发利用状况：该菌株源子实体为2021年7月19日采自山东省招远市罗山林场小园庙林区的以壳斗科植物为主的针阔混交林中地上，该种常见于海南省、福建省，首次在山东省烟台市发现，为山东省新记录种。通过组织分离得到该菌株，随后经过实验室阶段的菌丝体的生物学特性研究和子实体的人工驯化出菇试验，该菌株目前可以在纯培养条件下分化形成子实体，其原基形成温度在22～25℃，其栽培技术已经申请国家发明专利，中华网柄牛肝菌为珍稀的野生食用菌，人工栽培成功且具有非常大的开发利用前景。

柽柳核纤孔菌
（*Inocutis tamaricis*）

种质名称：柽柳核纤孔菌

采集地：潍坊市滨海新区海岸柽柳防护林树干上

特征特性：子实体一年生，无柄，覆瓦状叠生，软木栓质至木栓质。菌盖半圆形或扇形，外伸可达8厘米，宽可达2厘米，基部厚可达5厘米；表面黄褐色，被硬毛或长柔毛；边缘钝。孔口表面锈褐色至暗褐色；多角形，每毫米2～3个；边缘薄，撕裂状。不育边缘明显，宽可达2毫米。菌肉锈褐色，厚可达3厘米。基部具颗粒状菌核。菌管黄褐色，长可达20毫米。担孢子（6.8～8.2）微米×（4.8～5.8）微米，椭圆形，黄褐色，厚壁，光滑，非淀粉质，幼期嗜蓝。

开发利用状况：该菌2020年9月20日采自山东省潍坊市滨海新区海岸柽柳防护林，为山东省新记录种，经过组织分离获得活体菌种，2021年10月开始于鲁东大学农学院食用菌驯化栽培实验室鉴定，并进行生物学特性及驯化栽培研究。该菌具有较好的药用价值，可供后续开发利用。

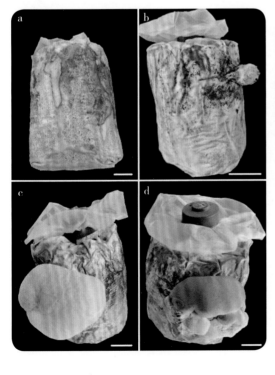

粉托鬼笔（*Phallus hadriani*）

种质名称：粉托鬼笔

采集地：烟台市蓬莱区大辛店镇沙沟村

特征特性：子实体菌蕾期表面粉紫色，长卵圆形，（2.5～4.0）厘米×（2.0～2.5）厘米。成熟后菌盖圆锥形，网格内带有恶臭味的深绿色孢子体。孢子椭圆形，（3.5～4.5）微米×（2～2.5）微米。菌柄圆柱形，中空，（4.0～5.5）厘米×（0.6～1.0）厘米，白色，松软，表面蜂窝状。菌托粉色，袋形，着生于菌柄基部。

开发利用状况：该菌2010年9月26日采自山东省蓬莱区大辛店镇沙沟村的花生田间，经过组织分离获得活体菌种，2010年10月开始于鲁东大学食用菌驯化栽培实验室鉴定，并进行培养基筛选及驯化栽培研究。该菌可食用，可供后续开发利用。

鸡油菌
(*Cantharellus cibarius*)

种质名称： 鸡油菌

采集地： 威海市乳山市下初镇簸箕掌村

特征特性： 鸡油菌又名鸡蛋黄菌、黄菌、杏菌等。鸡油菌子实体呈喇叭形，杏黄色至蛋黄色，香气浓郁，肉质细嫩，味道鲜美。富含人体必需的多种氨基酸、胡萝卜素、维生素C和钙、铁、磷等矿物质元素。

开发利用状况： 野生资源。每到秋季阴雨天气，当地农户多在雨后上山采摘，除自己食用外，还有商贩收购后专门供应给市区饭店，作为饭店招牌时鲜招待进店客人。

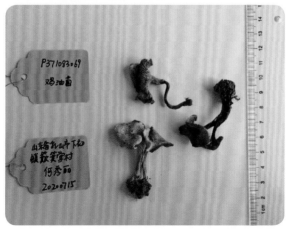